Cláudio Roberto Meira de Oliveira
Ângela Maria Soares
Denise C. de Oliveira

Consórcio agroflorestal cafeeiro x seringueira

Cláudio Roberto Meira de Oliveira
Ângela Maria Soares
Denise C. de Oliveira

Consórcio agroflorestal cafeeiro x seringueira

Aspectos biofísicos, fisiológicos e anatômicos

Novas Edições Acadêmicas

Impressum / Impressão
Bibliografische Information der Deutschen Nationalbibliothek: Die Deutsche Nationalbibliothek verzeichnet diese Publikation in der Deutschen Nationalbibliografie; detaillierte bibliografische Daten sind im Internet über http://dnb.d-nb.de abrufbar.
Alle in diesem Buch genannten Marken und Produktnamen unterliegen warenzeichen-, marken- oder patentrechtlichem Schutz bzw. sind Warenzeichen oder eingetragene Warenzeichen der jeweiligen Inhaber. Die Wiedergabe von Marken, Produktnamen, Gebrauchsnamen, Handelsnamen, Warenbezeichnungen u.s.w. in diesem Werk berechtigt auch ohne besondere Kennzeichnung nicht zu der Annahme, dass solche Namen im Sinne der Warenzeichen- und Markenschutzgesetzgebung als frei zu betrachten wären und daher von jedermann benutzt werden dürften.

Informação biográfica publicada por Deutsche Nationalbibliothek: Nationalbibliothek numera essa publicação em Deutsche Nationalbibliografie; dados biográficos detalhados estão disponíveis na Internet: http://dnb.d-nb.de.
Os outros nomes de marcas e produtos citados neste livro estão sujeitos à marca registrada ou a proteção de patentes e são marcas comerciais registradas dos seus respectivos proprietários. O uso dos nomes de marcas, nome de produto, nomes comuns, nome comerciais, descrições de produtos, etc. Inclusive sem uma marca particular nestas publicações, de forma alguma deve interpretar-se no sentido de que estes nomes possam ser considerados ilimitados em matérias de marcas e legislação de proteção de marcas e, portanto, ser utilizadas por qualquer pessoa.

Coverbild / Imagem da capa: www.ingimage.com

Verlag / Editora:
Novas Edições Acadêmicas
ist ein Imprint der / é uma marca de
OmniScriptum GmbH & Co. KG
Heinrich-Böcking-Str. 6-8, 66121 Saarbrücken, Deutschland / Niemcy
Email / Correio eletrônico: info@nea-edicoes.com

Herstellung: siehe letzte Seite /
Publicado: veja a última página
ISBN: 978-613-0-16978-7

APRESENTAÇÃO

Este livro constitui o trabalho de dissertação de mestrado do primeiro autor que tem como título Avaliações biofísicas e anatômicas de cafeeiros (**Coffea arabica** L.) e seringueiras (**Hevea brasiliensis** Muell. Arg.) na fase de estabelecimento em diferentes cultivos de Lavras-MG. O novo título reflete ajustes necessários no momento da editoração para transformação em livro, levando-se em consideração o público ao qual se destina.

O trabalho foi desenvolvido na Universidade Federal de Lavras (UFLA), em área da fazenda experimental da UFLA em plantios jovens de cafeeiros e seringueiras em fase de estabelecimento.

O presente trabalho levantou informações biofísicas, fisiológicas e anatômicas sobre diferentes formatos de sistemas agroflorestais (SAF) de plantios consorciados e em monocultivo de cafeeiros e seringueiras buscando auxiliar agricultores, extensionistas e interessados em aprofundar os conhecimentos em relação aos SAF's de café com seringueira em fase de estabelecimento.

Neste trabalho são discutidos aspectos relacionados ao clima, sito é, temperatura, precipitação, déficit de pressão de vapor, radiação solar; aspectos fisiológicos e anatômicos dos sistemas de cultivo.

A Deus,

por capacitar-me nos mementos difíceis e por dar-me a
certeza da vitória; pelas graças concedidas e pela vida;

AGRADEÇO

Aos meus pais, que tanto me deram apoio e
amor, Zelandio Miranda de Oliveira e Josedite Meira de
Oliveira. A mãe Dite e pai Iô e vô Joaquim que partiram
deixando saudades (*in memoriam*) e vó Dária.

OFEREÇO

Este trabalho é para todos os que com ele contribuíram
diretamente e indiretamente, uma vez que a vitória não
deve ser vivida sozinha, mas sim compartilhada com os
amigos;

Aos irmãos, Vívian e Júnior. A Denise e Rodrigo.

DEDICO

"... tudo aquilo que embora reconhecido não se afirma
de maneira clara e explícita, continua oculto entre
névoas, protegido de todo olhar iluminante capaz de
ressaltar o que nele há de estranho, de portentoso, de
supremamente incomum e problemático".

BIOGRAFIA

CLÁUDIO ROBERTO MEIRA DE OLIVEIRA, filho de Zelandio Miranda de Oliveira e de Josedite Meira de Oliveira, nasceu na cidade de Livramento de Nossa Senhora, Estado da Bahia em 14 de Março de 1977.

Em 1994 concluiu o Curso profissionalizante de Magistério.

Ingressou no curso de Agronomia no ano de 1995, concluindo-o em 1999 com a obtenção do título de Bacharel em Agronomia pela Universidade Estadual do Sudoeste da Bahia (UESB) em Vitória da Conquista, Estado da Bahia.

No ano de 2000, iniciou o curso de Mestrado em Agronomia, área de concentração Fisiologia Vegetal na Universidade Federal de Lavras (UFLA), concluído em fevereiro de 2002.

Em 2005 iniciou o curso de Doutorado em Botânica, área de concentração Estresses Abióticos em Plantas e em 2009 obteve o título de Doutor em Botânica pela Universidade Federal de Viçosa.

Em 2014 iniciou as atividades acadêmicas no pós-doutorado em Fruticultura de Clima Temperado pela Universidade Federal de Pelotas, concluído em 2015.

Profissionalmente trabalha como professor e desenvolve atividades de ensino, pesquisa e extensão na Universidade do Estado da Bahia e no Instituto Federal Baiano. Também é consultor de diferentes revistas nacionais e internacionais, avaliador de congressos e simpósios, além de realizar palestras sobre preservação ambiental, meio ambiente e qualidade de vida.

SUMÁRIO

RESUMO

CONSÓRCIO AGROFLORESTAL CAFEEIRO X SERINGUEIRA: ASPECTOS BIOFÍSICOS, FISIOLÓGICOS E ANATÔMICOS

Cláudio Roberto Meira de Oliveira [1]
Ângela Maria Soares [2]
Denise Colares de Oliveira [3]

A utilização do cafeeiro em sistemas agroflorestais pode significar alternativa para a manutenção de um microclima adequado ao desenvolvimento da lavoura. A seringueira é uma espécie arbórea que tem sido empregada em cultivos consorciados com o cafeeiro. O presente estudo teve como objetivo avaliar as influências do sistema de consórcio nas trocas gasosas, eficiência fotoquímica do fotossistema II, características bioquímicas e anatômicas de cafeeiros e seringueiras em um consórcio implantado a 2 anos na região de Lavras- MG. O experimento foi conduzido durante o período de outubro/2000 a agosto/2001, em plantios consorciados de café (*Coffea arabica* L.), cv Rubi e seringueira (*Hevea brasiliensis* Muell Arg.), clone PB235, além de plantios em monocultivo e de um clone adicional, o GT1. Foram realizadas avaliações periódicas do potencial hídrico foliar, fotossíntese, transpiração, condutância estomática e eficiência fotoquímica do fotossistema II. Foram também realizadas avaliações de nitrogênio foliar, crescimento e anatomia foliar. Em geral, a taxa de fotossíntese apresentou-se maior nas seringueira, sendo observado diferenças quando comparados aos cafeeiros. Fato similar foi observado para a transpiração e a condutância estomática. Um microclima caracterizado por níveis de radiação mais baixos, uma baixa demanda evaporativa da atmosfera e temperaturas mais amenas são favoráveis ao processo fotossintético do cafeeiro. Os resultados obtidos para a razão Fv/Fm indicam uma maior sensibilidade das seringueiras à fotoinibição durante a estação seca. O nitrogênio foliar não apresentou diferenças significativas entre as espécies. O consórcio tipo renque apresentou um melhor comportamento quando comparado aos demais tratamentos, sendo também verificadas as melhores respostas de crescimento da seringueira. O estudo anatômico mostrou uma estrutura isobilateral nas folhas de seringueira e evidenciaram que o sistema de cultivo nessa fase ainda não desempenham uma influência sobre a anatomia dos cafeeiros. Em geral, nessa fase do desenvolvimento os resultados obtidos não evidenciaram influência do sistema de cultivo nas respostas das espécies.

---

[1] Eng. Agr., Dr.Sc, UNEB/IFBaiano – BA, Brasil
[2] Física, Dr.Sc., UFLA – MG, Brasil
[3] Eng. Agr., Dr.Sc., UFPel – RS, Brasil

ABSTRACT

COFFEE PLANTS X RUBBER TREES AGROFORESTRY CONSORTIUM: ASPECTS BIOFISICS, PHYSIOLOGICAL AND ANATOMIC

Cláudio Roberto Meira de Oliveira [1]
Ângela Maria Soares [2]
Denise Colares de Oliveira [3]

The present study had as objective evaluates the influences of the intercropping in the gaseous changes and photochemiscal efficiency of the photosystem II of coffee plants and rubber trees in a intercropping in the Lavras region - MG. The experiment was made during the period from octuber/2000 to august/2001 (rainny and dry station), in associated plantings of coffee (*Coffea arabica* L.), cv Rubi and rubber tree (*Hevea brasiliensis* Muell Arg.), clone PB235 in monocultivo and also clone GT1in monoculture. Periodic evaluations of the leaf water potential, photosynthesis, transpiration, stomatal conductance and photochemical efficiency of the photosystem II were accomplished. In general, the photosynthesis tax came larger in them rubber tree, being observed significant differences when compared to the coffee plants. Similar fact was observed for the perspiration and the stomatal conductance. The results obtained for the reason Fv/Fm indicate a sensibility of the species studied to the photoinibition. The values of water potential measured at the 12 hours reached more negative values, evidencing a larger sensibility of the coffee plant to the water deficit the rubber trees. The nitrogen to foliate it didn't present significant differences among the species. The concentration of the total soluble sugars was shown superior in the rubber trees, mainly in the rainy station. The consortium type row presented a better behavior when compared to the other treatments, being also verified the best answers of growth of the rubber tree. The anatomical study showed a new structure in the rubber tree leaves and they evidenced that these still don't carry out an influence on the anatomy of the coffee plants.

[1] Eng. Agr., Ph.D., UNEB/IFBaiano – BA, Brasil
[2] Física, Ph.D., UFLA – MG, Brasil
[3] Eng. Agr., Ph.D., UFPel – RS, Brasil

1 INTRODUÇÃO

A região sul de Minas Gerais é conhecida como grande produtora de café, sendo responsável pela metade da produção do café neste Estado, que produz quase 50% do café do Brasil. As constantes mudanças climáticas, oscilações de mercado quanto a oferta do produto, levaram muitos agricultores a adotarem medidas, que não somente protegesse sua lavoura contra as intempéries, como também fossem capazes de gerar uma renda extra a cafeicultura.

O plantio consorciado do café com outras culturas sejam elas de ciclo anual ou perenes tornou-se uma prática comum e fácil de ser encontrada em muitas propriedades. O plantio do cafeeiro com culturas perenes tem proporcionado benefícios mútuos para ambas culturas, uma vez que o cafeeiro fica protegido contra as intempéries, a área cultivada apresenta um microclima adequado ao seu desenvolvimento e proporciona condições propícias ao desenvolvimento da outra cultura.

Muitas espécies perenes têm sido empregadas no plantio consorciado com o cafeeiro, dentre elas destacam-se a grevílea, o ingá e vários tipos de leguminosas. A seringueira, espécie arbórea, que além do látex produz também madeira de boa qualidade, tem sido cultivada com êxito fora de sua região tradicional de cultivo, a região norte, devido principalmente a problemas com o fungo causador do mal-sulamericano das folhas. No Brasil as experiências de seu cultivo consorciado com o cafeeiro têm sido positivas e indicada por diversos pesquisadores, uma vez que além da proteção dada ao café também serve como fonte de renda aos produtores pela produção de látex e de carvão.

1

Assim, pesquisas em diferentes fases do desenvolvimento do sistema de plantio podem vir a contribuir para uma maior compreensão das alterações nas condições do ambiente e sua influência no comportamento das plantas.

O presente estudo integra o programa de pesquisa "Avaliação do Comportamento de Plantas de Seringueira e Cafeeiros Consorciados em Diferentes Condições Edafoclimáticas de Minas Gerais". Para o desenvolvimento desse estudo partiu-se da hipótese que plantas em consórcio podem apresentar respostas fisiológicas distintas às de plantas em monocultivo, devido as modificações do microclima da área, associadas aos sistemas de cultivo. Assim sendo, o objetivo desse trabalho foi avaliar a influência do sistema de cultivo nas trocas gasosas, na eficiência fotoquímica do fotossistema II, no crescimento e anatomia foliar de cafeeiros e seringueiras em consórcio e monocultivo, na fase de estabelecimento.

2 REFERENCIAL TEÓRICO

2.1 Sistemas agroflorestais: aspectos gerais

Muitos autores têm empregado diferentes conceitos para sistemas agroflorestais. Entre eles, Dantas (1994) afirma que estes sistemas envolvem no mínimo duas espécies, sendo uma delas perene, em que os produtos são variados e o ciclo de vida do sistema é mais longo do que um ano. O mesmo autor ainda ressalta que os sistemas agroflorestais são estrutural e funcionalmente mais complexos do que os monocultivos.

Assis Júnior et al. (2000) definem sistemas agroflorestais (SAFs) como uma combinação integrada de árvores, arbustos, cultivos agrícolas e ou animais na mesma área, de maneira simultânea ou seqüencial, que busquem a otimização da agregação de valores sócio-econômicos, culturais e ambientais, com potencial para constituírem uma modalidade sustentável de uso e manejo dos recursos naturais.

Segundo Alvin (1989) um sistema agroflorestal envolve a associação, no tempo e/ou espaço, de duas ou mais espécies em uma mesma área, sendo pelo mesmos uma delas uma lenhosa perene, e caracteriza-se pela ocorrência de interações ecológicas e econômicas entre seus componentes. Face a essas definições, pode-se notar que nestas associações acentua-se no tempo e no espaço as alterações dos fatores do meio e competição entre as espécies.

Ao se implantar um sistema agroflorestal visa-se obter vantagens biológicas e econômicas, porém há também algumas conseqüências desfavoráveis no emprego deste sistema. Dentre as vantagens, entre outras, cita-se o aumento da utilização do espaço, a redução da variação do microclima, a criação de um ambiente sombreado que pode ser interessante para o desenvolvimento de diferentes espécies. Entre as desvantagens observa-se um aumento da competição, efeitos de alelopatia, danos mecânicos resultantes do cultivo e da colheita. Os danos e benefícios devem ser, naturalmente, considerados na orientação desses sistemas.

Como apresentado anteriormente, nestes sistemas de cultivo, duas ou mais culturas, com diferentes ciclos e arquiteturas são exploradas concomitantemente no mesmo terreno, não sendo necessariamente plantadas ao mesmo tempo, mais durante parte de seu ciclo de desenvolvimento. Nessas condições verifica-se interações dos componentes do sistema agroflorestal com fatores do microclima, que determinam uma condição de interceptação da energia radiante, da precipitação e o comportamento do vento propiciando assim um microclima mais adequado para o desenvolvimento das espécies envolvidas (Monteith et al., 1991).

Lopes (1985) afirma que para se adaptar a um cultivo múltiplo a espécie deve manter um balanço positivo de carbono, ou seja, fotossíntese positiva sob estresse luminoso. Plantas submetidas a condições de baixa luminosidade podem ter algumas opções de adaptar-se, como:

a) redução da taxa transpiratória;

b) aumento da área foliar, para promover uma grande superfície de interceptação e absorção de radiação;

c) aumento da taxa fotossintética por unidade de área foliar e por unidade de energia luminosa.

O sombreamento observado nos SAFs evita que os altos níveis de radiação observados em um dia típico de verão, em regiões tropicais, provoquem danos ao aparelho fotossintético de muitas plantas, pela produção excessiva de NADPH e ATP causando fotoinibição. Apesar de muitas espécies serem plantadas em cultivos puros, os cultivos mistos vêm aumentando significativamente, com isso surge a necessidade do desenvolvimento de pesquisas que venham a contribuir para a compreensão das estratégias que as

4

espécies apresentam para poderem adaptar-se a diferentes formas de cultivo, isto é, ao monocultivo e ao consórcio e portanto, o potencial de utilização de diferentes espécies em sistemas agroflorestais.

2.2 O consórcio café - seringueira: alguns aspectos ecofisiológicos

A prática agroflorestal tem sido empregada em diferentes regiões produtoras de café, tanto na fase inicial de implantação da cultura, quando é associado com espécies que atuam como quebra-vento ou sombreamento provisório, por exemplo com o milho; quanto em sua fase produtiva, que é geralmente combinado com espécies de maior porte que fornecem sombra, como a seringueira. Existem diferentes tipos descritos na literatura de sistemas agroflorestais praticados com o cafeeiro, sendo o sistema em renque, isto é, tipo de plantio onde as árvores são plantadas perpendicularmente à direção dos ventos dominantes e o sistema permanente periférico ou quebra-vento, que consiste no plantio de árvores nas margens das lavouras, um dos mais comuns e encontrados nas regiões produtoras de café do país.

A consorciação cafeeiro x seringueira tem sido estudada, recomendada e utilizada com vantagens para ambas as culturas, em algumas regiões produtoras de café e borracha no Brasil (Fancelli, 1986 e 1990; Pereira, 1992; Pereira et al., 1994; Veneziano et al., 1994; Pereira et al. 1998); e em outros países como Java (Dijkman, 1951; Institut, 1992). Esses sistemas agroflorestais café x seringueira, aparecem como uma alternativa altamente promissora, pois consiste em uma forma de uso do solo capaz de promover sua cobertura e recuperação, além de possibilitar a diversificação e produção, proporcionando estabilidade econômica ao agricultor, normalmente na pequena propriedade rural. Este sistema atende a requisitos sociais, ecológicos e econômicos além de concorrer para suprir o déficit de borracha natural no país (Pereira et al., 2000).

Ressalta-se que nos dias atuais grande parte da produção mundial de borracha natural ocorre em pequenas propriedades que cultivam a seringueira em sistemas agroflorestais. De acordo com Pereira (1992), a seringueira admite o seu cultivo em associação com outras culturas. As vantagens de práticas agroflorestais com a seringueira residem na redução dos custos de implantação do seringal; melhoria no aproveitamento de nutrientes através da diferença de níveis de exploração do solo pelos sistemas radiculares da seringueira e plantas associadas, com melhor aproveitamento da radiação luminosa e cobertura do solo.

Fancelli (1990) e Pereira (1992) relatam que em todo o país observa-se a ocorrência de três esquemas de associação da seringueira com o cafeeiro. No primeiro esquema a seringueira substitui gradativamente os cafezais antigos e decadentes, favorecendo-se pelo efeito do quebra-vento propiciado pelos cafeeiros, além de beneficiar-se pelo efeito residual das adubações dadas a esta cultura; no segundo, o cafeeiro, com dez a quinze anos, em espaçamento específico é empregado como cultura de formação do seringal (intercalado a cada três linhas de cafeeiros), sendo erradicado por ocasião do início da sangria. No último esquema, ambas as culturas entram simultaneamente em consórcio permanente com benefícios mútuos.

A temperatura mais favorável ao cultivo da seringueira está compreendida entre 27-33°C, sendo esta faixa da temperatura também, a mais favorável ao processo fotossintético. Temperaturas ambiente acima de 35°C ocasionam o fechamento estomático, resultando em baixas taxas fotossintéticas e altas taxas respiratórias (Rao et al., 1998).

O limite máximo de deficiência hídrica anual acima do qual a seringueira não produz ainda não está bem estabelecido, porém Ortolani et al. (1983), cita inicialmente 150mm, enquanto que para Costa et al., (1997) esse valor limite seria de 250 mm.

Além da temperatura e disponibilidade hídrica, o déficit de pressão de vapor (DPV) é também um fator que contribui para a variabilidade da produção nas diferentes zonas agroclimáticas. A combinação de um baixo déficit de pressão de vapor juntamente com a alta disponibilidade de água no solo são essenciais para que a seringueira mantenha boas condições hídricas. As variações diurnas no DPV atmosférico estão relacionadas inversamente com a produção de látex devido a mudanças na pressão de turgor nos vasos lactíferos, estando a variação anual e regional da produção de borracha associada com a intensidade e duração do estresse hídrico (Rao, 1993).

Vijayakumar et al. (1998) trabalhando com irrigação da seringueira na Índia observaram altas taxas fotossintéticas em plantas que receberam uma irrigação constante. Plantas que estavam sem receber água apresentaram uma queda de mais de 50% na taxa fotossintética. Baixos valores de potencial hídrico (Ψw) podem afetar o processo fotossinético por danos causados principalmente ao transporte de elétrons e a fosforilação oxidativa (Boyer, 1973). Os efeitos da deficiência hídrica também podem estar relacionados à diminuição na taxa de regeneração da ribulose 1,5 bisfosfato, estando associado com a baixa fosforilação ou pela falta de Pi no estroma (Farquhar & Sharkey, 1982).

A seringueira sendo uma planta heliófita, é considerada um eficiente conversor de energia solar em carboidratos (Macedo et al., 2000). Rodrigo et al. (2001), relatam que em termos de luz absorvida, as plantações de seringueira requerem entre 4-5 anos para conseguir a máxima interceptação de luz e antes dos 30 meses de crescimento consegue interceptar apenas 40% da radiação pela copa. Estes autores ainda destacam que a eficiência no uso da radiação (**RUE**) tende a ser melhor aproveitada em plantas consorciadas do que em monocultivo.

A espécie **Coffea arabica** é originária dos vales das regiões montanhosas da Abissínia (Etiópia), a altitudes compreendidas entre 1000 e 2500 m, 6° a 9° N e 34° a 40° E. A temperatura média dessas regiões é de cerca

7

de 20°C, com precipitação bem distribuída e superior a 1600 mm anuais, entremeada por um período seco de 3 a 4 meses. Nessas condições originais, o cafeeiro cresce permanentemente sob densas florestas tropicais, ao abrigo das altas temperaturas (Rena & Maestri, 1986).

Acredita-se que os primeiros plantios realizados pelos ingleses tentavam simular as mesmas condições para o café daquelas encontradas em seu habitat natural. Assim, as plantações de café foram inicialmente feitas em terras de florestas virgens, depois da derrubada seletiva de algumas árvores e conservação de outras. Esta é uma forte indicação do início do cultivo do café sombreado (Raghuramulu, 2001). A cafeicultura em condições sombreadas é um sistema de cultivo ainda muito utilizado, principalmente em países da América Central, da América do Sul, México, alguns países africanos e asiáticos, destes, principalmente a Índia.

No Brasil, o cafeeiro é cultivado economicamente a pleno sol, com produções economicamente satisfatórias e, geralmente, maiores que os plantios sob sombra, desde que a disponibilidade hídrica do solo não seja um fator limitante à sua produtividade (Da Matta 1995). Entretanto, uma das conseqüências do cultivo do cafeeiro a pleno sol é a superprodução com o conseqüente esgotamento das plantas durante os primeiros anos, até que o auto-sombreamento diminua este efeito (Voltan, 1992).

Quando o cafeeiro é cultivado a pleno sol, ocorre uma remoção mais rápida dos nutrientes do solo, sendo necessário uma mudança de área ou tratos culturais. Na Índia, existem cafezais plantados na mesma área a mais de um século sem sinais de exaustão do solo. A razão para que o solo mantenha suas características e o café continue seu desenvolvimento por muito mais tempo está no plantio do café sombreado (Studer, 2001).

O sistema agroflorestal oferece ao cafeeiro uma maior proteção contra os efeitos adversos do ambiente, dando condições deste obter produções mais estáveis, evitando assim a bianualidade na produção, melhor proteção do solo contra erosão, manutenção de um microclima e umidade mais favoráveis, melhor aproveitamento da matéria orgânica e dos nutrientes nas diferentes camadas do solo pelos sistemas radiculares do café e plantas associadas, que conseguem penetrar em diferentes profundidades (Dantas, 1994).

Chamorro-Trejos et al. (1994) ao fazerem referência ao café plantado em monocultivo dizem que suas raízes aproveitam apenas os nutrientes das camadas superficiais do solo; o que se encontra nas camadas profundas não são acessíveis as suas raízes. Assim sendo, caso o café fosse cultivado com plantas de raízes profundas esses nutrientes se converteriam em folhas que logo cairiam produzindo uma reutilização dos nutrientes para a sustentabilidade da agricultura.

Como o cafeeiro não é capaz de regular naturalmente a carga de frutos, ou mais especificamente, a razão folha/fruto, a planta cultivada a pleno sol é séria candidata à seca-de-ponteiros, principalmente se ocorrerem veranicos durante o período de enchimento dos grãos (Rena et al.; 1998). O sombreamento propiciado em plantios consorciados propicia uma melhor razão folha/fruto, evitando assim um florescimento abundante e uma demanda maior de carboidratos para a frutificação.

Freitas (2000) avaliou o efeito de diferentes níveis de luz no comportamento ecofisiológico de cultivares de **Coffea arabica** L. e verificou que a 70% de sombreamento foram observadas as maiores taxas de fotossíntese, apesar de não serem verificadas diferenças entre os cultivares.

Henao (1966) trabalhando com plantas de café em monocultivo e consorciadas observou que a alternabilidade bienal da produção, considerada fisiologicamente normal, foi mais pronunciada quando cultivado em área de pastagem, sendo esta menos pronunciada quando o cafeeiro foi cultivado com espécies de maior porte.

Jaramillo-Robledo & Valencia-Ariztizábal (1980) observaram que a modificação do microclima pode influenciar o crescimento do cafeeiro e o número de flores; dentre os elementos climáticos que mais se relacionam com a altura e o comprimento dos ramos, o brilho solar, a evaporação, e a temperatura se destacam.

Em relação a precipitação necessária para o cultivo do café sabe-se que o cafeeiro suporta até 150 mm de déficit hídrico sem prejuízo a produção, desde que não se estenda até a fase da floração (Rena & Maestri, 1986). Em geral, os cultivares de café são afetados quando submetidos a condições de déficit hídrico acentuado uma vez que a queda na taxa de assimilação de CO_2 pode ocorrer devido ao fechamento estomático, limitando o influxo de CO_2 nas células do mesofilo, podendo essa resposta estomática ser rápida, em função da umidade do ar ou do solo (Turner et al., 1986). No tocante a água presente na atmosfera, Kumar & Tieszen (1980a) avaliando o efeito do estresse hídrico em plantas de café observaram que a medida que a demanda evaporativa aumenta, as plantas apresentam características indicativas de estresse hídrico, tanto em solos próximos da capacidade de campo, quanto naqueles em sua capacidade máxima.

Evidências mostram que a baixa disponibilidade de água no solo, além de prejudicar a fotossíntese devido a restrição ao fluxo de CO_2, afeta também o aparelho fotossintético (Kaiser, 1987). O estudo da fluorescência da clorofila *a* tem sido uma valiosa ferramenta, fornecendo informações sobre os danos causados no aparelho fotossintético em condições de estresse ambiental, sua análise fornece uma poderosa indicação do funcionamento do sistema fotossintético; servindo como indicador intrínseco das reações fotossintéticas nos cloroplastos de plantas (Schreiber et al., 1995). A eficiência do fotossistema II (PSII) pode ser estimada através da razão entre a fluorescência variável (Fv) pela fluorescência máxima (Fm). Esta razão tende a decrescer em plantas submetidas a condições adversas do ambiente (Krause & Weis, 1991).

10

Segundo Pereira et al. (1998) existem muitos benefícios sobre as plantas de café quando consorciadas com seringueira. Entre elas destacam-se: produção de internódios mais longos, essenciais para a produção de frutos de melhor qualidade; produção de frutos de maior tamanho; microclima mais ameno ao cafeeiro, com temperatura noturna mais alta e diurna mais baixa; redução da bienalidade; menor incidência da seca dos ponteiros; aumento do número de ramos plagiotrópicos primários e secundários, aumentando a capacidade produtiva dos cafeeiros. Entretanto, em relação à produção, Chamorro-Trejos, et al. (1994) relatam que o cafeeiro quando cultivado a pleno sol proporciona maiores produções do que aquelas verificadas em altos sombreamentos.

É interessante determinar a condição ideal de sombreamento, na qual a produção seja minimamente afetada e nem a própria planta tenha prejuízos. A consorciação quando bem planejada do cafeeiro com a seringueira certamente poderá contribuir para a manutenção da luz e temperatura em níveis adequados para um melhor desenvolvimento e produção do cafeeiro (Macedo et al., 1999).

Kumar & Tieszen, (1980b) e Fahl et al. (1994) relatam que o cafeeiro pode ser conduzido em ambientes de baixa luminosidade, uma vez que a irradiância de saturação está compreendida em torno de 300 e 600 μ E m^{-2} s^{-1} para plantas sombreadas e cultivadas a pleno sol, respectivamente. Níveis de radiação acima de 2200 μ E m^{-2} s^{-1}, comuns em um dias ensolarados nas regiões tropicais, podem causar além da saturação do aparelho fotossintético, danos por fotoinibição. Essas informações são de interesse para a realização de um manejo adequado das áreas de cultivo em termos de sombreamento, evitando-se assim danos às plantas pela baixa ou alta incidência da radiação.

O nitrogênio é um dos elementos mais importantes no desenvolvimento das plantas participando de diferentes compostos. Dentre estes, pode participar da composição das clorofilas e de enzimas como a Rubisco (Abrams & Mostoller, 1995). Nunes et al. (1993) ao analisarem o efeito da suplementação

11

de nitrogênio na fotossíntese foliar de plantas de café cultivadas a pleno sol observaram que naquelas tratadas com maiores níveis de nitrogênio as respostas à radiação direta foram melhores que as que receberam uma quantidade inferior. Fahl (1989) também encontrou resultado similar em plantas de café que foram fertilizadas com nitrogênio em vista daquelas não fertilizadas.

A estrutura foliar pode ser um forte indicador da disponibilidade de luz durante as fases de seu crescimento. O aumento dos níveis de luz proporcionam aumentos na espessura foliar, massa, epiderme, parênquima e número total de células das folhas (Esau, 1977).

Folhas de sombra possuem estruturas anatômicas e fisiológicas que as capacitam a utilizar baixas intensidades luminosas com eficiência, sendo que a exposição a altas intensidades luminosas pode destruir os plastídeos da superfície foliar pelo excesso de radiação (Engel & Poggiani, 1991). Abrams & Moostler, (1995), Castro et al. (1998) relatam que as altas intensidades luminosas levam ao desenvolvimento da regiões do paliçada e do mesofilo esponjoso, tendo como resultado folhas mais grossas.

Os estômatos apresentam respostas distintas em relação à luz. Diversos estudos demonstram que o aumento na intensidade luminosa aumenta a freqüência estomática por unidade de área foliar (Ashton & Berlyn, 1992; Castro et. al., 1998; Holmes & Cowling, 1993).

Muitos trabalhos têm estudado as diferenças na estrutura anatômica da folha das plantas em relação ao ambiente além de buscar possíveis respostas para esse comportamento. Medri & Lleras (1980a) avaliaram a anatomia foliar de clones diploides e poliploides de seringueira observando que o nível de ploidia influenciou no comportamento anatômico dessas plantas de forma a ser um indicativo de maior resistência a seca. O estudo de diferentes níveis de luz durante o crescimento de plantas de café também tem sido motivo de muitas pesquisas, dentre elas às de Voltan et al. (1992) que compararam as estruturas anatômicas de cafeeiros expostos a diferentes intensidades luminosas constatando diferenças nas células do mesofilo, na massa e área foliar e número de estômatos em plantas sombreadas e a pleno sol.

Finalmente, é interessante destacar que Rena & Maestri (1986) ressaltam que a interpretação dos resultados dos experimentos realizados com intensidades de luz em plantas de cafeeiros devem levar em consideração as alterações que ocorrem no ambiente, em decorrência da variação da intensidade luminosa, como a temperatura do solo, do ar e da folha, a umidade do solo do ar e o balanço hídrico da planta. Em geral, as informações encontradas na literatura ressaltam os diferentes efeitos dos SAFs nas plantas e no ambiente quando comparados aos monocultivos. Investigações que possibilitem indicar os melhores tipos de consorcio são necessárias, pois podem vir a fornecer subsídios para compreensão dos efeitos das variações do ambiente no comportamento fisiológico e anatômico das plantas envolvidas no consórcio.

3 MATERIAL E MÉTODOS

3.1 Aspectos gerais

3.1.1 Época e localização do experimento

Este estudo foi conduzido de outubro de 2000 a agosto de 2001 na área experimental da Fazenda Vitorinha, da Fundação de Apoio ao Ensino, Pesquisa e Extensão (FAEPE), UFLA, no município de Lavras, região sul do Estado de Minas Gerais; a 918m de altitude, latitude 21° 14' **S** e longitude 45° 00' **W GRW**. A temperatura média anual do ar dessa região é de 19,4 °C e as médias anuais de temperatura do ar, máxima e mínima, são de 26,1°C e 14,8 °C, respectivamente, com precipitação anual de 1529,7 mm (Brasil, 1992). Segundo a classificação climática de Köppen, o clima da região é do tipo Cwa com característica de Cwb, apresentando duas estações definidas: seca, de abril a setembro, e chuvosa, de outubro a março.

3.1.2 Condições climáticas do período experimental

A Figura 1 apresenta os valores diários de temperatura máxima, média e mínima e precipitação referentes ao período experimental, coletados pela Estação Climatológica Principal de Lavras. Observa-se nesta figura que o mês de outubro apresentou uma precipitação total de 25,2 mm (126,0 mm)[5], janeiro 147,5 mm (272,4 mm)[1] e fevereiro 46,8 mm (192,3 mm)[1] sendo esses meses caracterizados por níveis de precipitação inferiores às normais climatológicas.

---

[5] Os números entre parênteses representam as normais climatológicas 1965-1990. Brasil (1992).

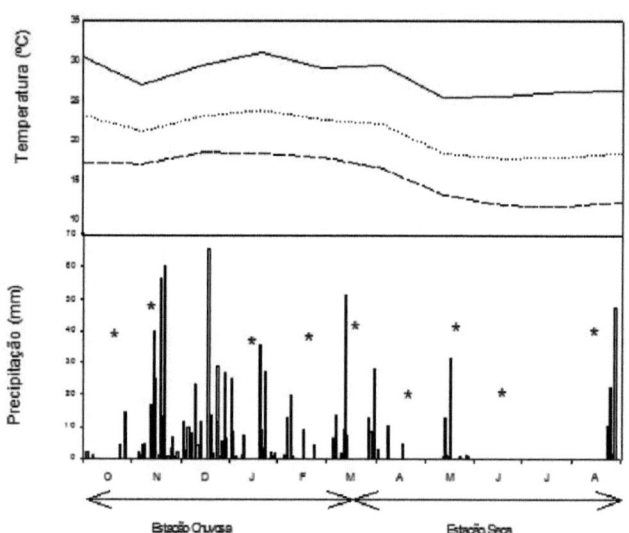

FIGURA 1- Valores diários de temperatura máxima (—), média (...) e mínima (---) e precipitação diária observadas durante o período de condução do experimento (outubro/2000 a agosto de 2001). O * indica data de avaliação. Fonte: Estação Climatológica Principal de Lavras.

3.1.3 Solo

Para a análise do solo, a área experimental foi dividida em quatro talhões contendo cada um as seringueiras em monocultivo, o café em monocultivo e dois tipos de consórcio estudados. A analise foi realizada no Laboratório de Solos da UFLA e os resultados são apresentados na Tabela 1.

Tabela 1- Análise de solo da área experimental.

	Café	Seringueira	Consórcio Renque	Consórcio Margem
pH	5,5	5,6	4,9	4,9
P	5,0	2,0	7,0	9,0
K	60,0	39,0	183,0	129,0
Ca	3,6	3,1	2,7	3,3
Mg	0,8	0,9	0,8	0,7
Al	0,1	0,1	0,3	0,2
H+ Al	4,0	3,2	4,5	5,0
S. B.	4,6	4,1	4,0	4,3
t	4,7	4,2	4,3	4,5
T	8,6	7,3	8,5	9,3
M	2,1	2,4	7,0	4,4
V	53,2	56,2	46,9	46,4

- P; K, estão expressos em mg/dm^3; Ca, Mg, Al, H+ Al, S. B., t, T, em cmolc/dm^3 e M e V em %. Departamento de Ciência do Solo, UFLA, 2000.

A Tabela 1 mostra que, no geral, as áreas escolhidas não se diferem muito em termos de nutrientes do solo.

3.1.4 Condução do experimento

Foram utilizados no presente trabalho plantios consorciados de café (**Coffea arabica** L.), cv. Rubi e seringueira (**Hevea brasiliensis** Muell Arg.), clone *PB235* e também plantios em monocultivo juntamente com o clone GT1, implantados em 1997 e 1999 respectivamente, na área experimental da fazenda da FAEPE. O experimento foi constituído por cinco tratamentos.

O primeiro tratamento refere-se ao consórcio com plantas de seringueira, clone PB235 em plantios intercalados nas linhas do cafeeiro. O segundo tratamento implantado foi constituído de seringueiras em renques de cultivo no meio do cafezal. Os outros tratamentos consistem de plantios em monocultivo de cafeeiros e seringueiras, clones PB235 e GT1. Os tratamentos consorciados utilizam o clone PB235.

As seringueiras plantadas nas linhas do café encontram-se nos espaçamentos de 3m; no plantio em renque o espaçamento foi de 3m por 4m. Em função da grande desuniformidade de plantio, decorrente de sucessivos replantios, optou-se por avaliar 6 plantas do clone PL235 e 4 do clone GT1 que apresentaram semelhante desenvolvimento vegetativo, ocupando cada uma delas uma área útil de 21 m^2 (dispostas no espaçamento original de 7 x 3m). O café apresenta-se plantado no espaçamento de 2m por 0,75m em ambos tratamentos (consórcio e monocultivo).

A Figura 2 ilustra a área de plantio com os tratamentos de seringueiras e cafeeiros.

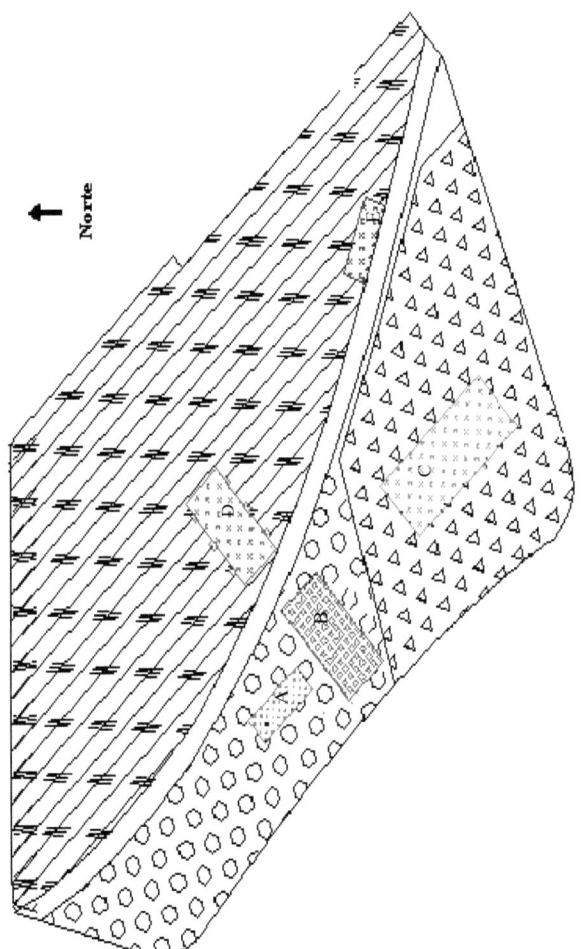

Figura 2: Ilustração da disposição dos tratamentos no campo, apresentando os dois tipos de consórcio e os três monocultivos, onde A corresponde a área com o clone GT1; B, PB235, C, café monocultivo, D, consórcio renque e E, consórcio margem.

3.2 Características avaliadas

3.2.1 Trocas gasosas

Durante o período experimental (outubro/2000 a agosto/2001) foram realizadas avaliações de trocas gasosas utilizando-se um analisador portátil de CO_2 a infravermelho, (**ADC-LCA4- HODDESDON-UK**) às 09, 12 e 15 horas (hora solar), sendo avaliadas as seguintes características: fotossíntese (**A**), transpiração (**E**), condutância estomática (**gs**), concentração de CO_2 intracelular (**Ci**), densidade de fluxo de fótons fotossinteticamente ativos (**DFFFA**), temperatura da folha (**Tf**) e da cubeta (**T**) e umidade relativa (**UR**). A partir dos dados de **UR** e **T**, foram obtidos os valores do déficit de pressão de vapor da atmosfera na cubeta (**DPV**).

Essas avaliações foram feitas em dias típicos, ou seja, predominantemente claros, em intervalos de vinte a quarenta dias, sempre em folhas completamente expandidas do terço médio do cafeeiro e de folhas maduras de seringueira no terço médio da copa, na face abaxial das folhas, e com a mesma orientação cardeal em relação à luz solar incidente, isto é, leste-oeste.

3.2.2 Potencial hídrico foliar (Ψw)

O potencial hídrico foliar foi avaliado ao amanhecer e ao meio-dia solar em três plantas de cada espécie e uma folha por indivíduo para cada tratamento, com o auxílio de uma bomba de pressão (**Soil Moisture-model 3005**), nas mesmas datas das avaliações de trocas gasosas.

Foi avaliado nas mesmas datas do potencial hídrico o teor de umidade do solo pelo método gravimétrico em três repetições por tratamento sendo a profundidade de coleta a 20 cm de profundidade.

3.2.3 Eficiência do fotossistema II (FSII)

A fluorescência da clorofila *a* foi avaliada por meio de um fluorômetro portátil (**Plant Efficiency Analyser- Hansatech, King's Lynn, Nor Kfolk, UK**). A eficiência fotoquímica do fotossistema II ou seja, a razão **Fv/Fm**, onde Fv= Fm- Fo onde Fm= fluorescência máxima; Fv= fluorescência variável e Fo= fluorescência mínima, foi determinada após as folhas serem pré-condicionadas ao escuro por 30 minutos para medição da fluorescência rápida "in vivo".

As avaliações foram realizadas em folhas completamente expandidas, nas posições descritas para as medidas de trocas gasosas nos horários de 9, 12 e 15 horas (hora solar) nos mesmos dias das avaliações das trocas gasosas. As avaliações de trocas gasosas e eficiência fotoquímica do FSII foram realizadas em quatro plantas de cada espécie, utilizando-se uma folha por planta, para cada tratamento. A posição das folhas avaliadas seguiu a orientação cardeal do sol, isto é, leste-oeste.

3.2.4 Crescimento e ontogenia foliar de plantas de seringueira

Para avaliar o crescimento das plantas foram realizadas avaliações de diâmetro, altura das plantas e estádio foliar nos clones estudados. Essas avaliações foram realizadas em uma freqüência semanal para a altura das plantas e ontogenia foliar enquanto que o diâmetro foi medido em intervalos mensais ao longo de todo o período experimental.

A altura da planta foi considerada desde o ponto de enxertia até a região de inserção das folhas apicais, o diâmetro foi tomado a 20 cm do solo. A ontogenia foliar observada a partir dos quatro estádios do ciclo foliar morfogenético da seringueira (Halle & Martin, 1968).

3.3 Características anatômicas

Depois de um período de 7 meses de avaliação na área experimental, procedeu-se a coleta aleatoriamente de 10 folhas em três plantas de cada espécie em cada tratamento. Nas plantas de café foram coletadas folhas completamente expandidas, situadas entre o quinto e oitavo nó, a contar do ápice caulinar. Para as seringueira foram retiradas folhas completamente expandidas da copa.

O material foi fixado em FAA por 72 horas seguindo a metodologia de Johansen, 1940, e posteriormente conservado em álcool 70° GL sendo o estudo anatômico baseado no exame microscópico de seções obtidas à mão livre. Estas foram clarificadas em solução com hipoclorito de sódio a 20% de produto comercial por um período que variou de três a cinco minutos, em seguida lavadas em água destilada, neutralizadas em água acética 1% e montadas em glicerina a 50%. O corante usado foi a mistura de azul de astra-safranina, seguindo-se os métodos descritos por Bukatsh, 1972.

Para as avaliações relativas à caracterização dos estômatos (número médio por mm^2, diâmetro polar e equatorial), foram feitos cortes paradérmicos na região mediana das folhas na face abaxial e como corante empregou-se a safranina hidroalcoólica. A partir das seções transversais foram efetuadas 20 medições, com o auxílio de ocular micrométrica, de 5 plantas, das espessuras abaxial, dos parênquimas esponjoso e palicádico em microscópio de campo claro Carl Zeiss- Amplival.

Em seguida, as lâminas foram observadas em microscópio Olympus CBB, segundo técnica de Labouriau et al. (1961). Em cada região da lâmina foliar, foram observados quatro campos, totalizando-se 40 campos por tratamento (dez folhas por tratamento), sendo 160 campos para a seringueira e 640 campos para o cafeeiro, sendo as fotomicrografias obtidas em microscópio Olympus BX60 utilizando filme ASA 100 colorido no Laboratório de Citologia do Departamento de Biologia- UFLA.

3.4 Delineamento experimental

O delineamento experimental utilizado foi o inteiramente causalisado (**DIC**) para todas as características avaliadas. As características de trocas gasosas, eficiência fotoquímica do FSII, crescimento, bioquímicas e físicas foram analisados em **DIC** com parcelas subdivididas no tempo, sendo os tratamentos dispostos nas parcelas e as épocas (meses) nas subparcelas. Os dados da anatomia foliar foram analisados em **DIC**.

O programa **SISVAR 4.3**, da Universidade Federal de Lavras foi utilizado para realização das análises de variância e testes de comparação de médias, sendo estas comparadas pelo teste Tukey ao nível de 5% de probabilidade.

4. RESULTADOS E DISCUSSÃO

4.1 Características fisiológicas

4.1.1 Microclima

Na Figura 3 estão apresentados os valores da densidade de fluxo de fótons fotossinteticamente ativos (**DFFFA**) e o déficit de pressão de vapor (**DPV**), correspondentes as médias para a estação chuvosa e para a estação seca do período experimental, nas diferentes áreas de plantio estudadas, observadas às 12 horas. Observa-se que a estação chuvosa foi caracterizada por níveis de radiação que variaram de 1800 a 2200 μmols m^{-2} s^{-1} e déficit de pressão de vapor da atmosfera de 2,5 a 3,1 kPa, condições estas características de períodos de alta demanda evaporativa da atmosfera. Os maiores valores médios da radiação e do déficit de pressão de vapor da atmosfera foram observados nas seringueiras em monocultivo e no consórcio tipo margem, respectivamente, ao passo que os menores valores foram apresentados pelos cafeeiros e seringueiras em monocultivo, respectivamente.

Para a estação seca verifica-se que os níveis de radiação variaram de 1100 a 1600 μmols m^{-2} s^{-1} e o déficit de pressão de vapor da atmosfera de 2,11 a 2,55 kPa. Para a radiação os valores desta estação foram maiores no consórcio renque. Os níveis de radiação desta estação foram menores que aqueles da estação chuvosa. A avaliação do déficit de pressão de vapor da atmosfera na estação chuvosa também mostrou diferenças em relação aquele da estação seca.

De modo geral, os valores do déficit de pressão da atmosfera observados mostraram-se maiores nos tratamentos consorciados, enquanto aqueles em monocultivo apresentaram os menores valores. Essa observação pode ser

23

associada ao maior número de plantas da área, o que propiciou uma maior manutenção da umidade entre plantas.

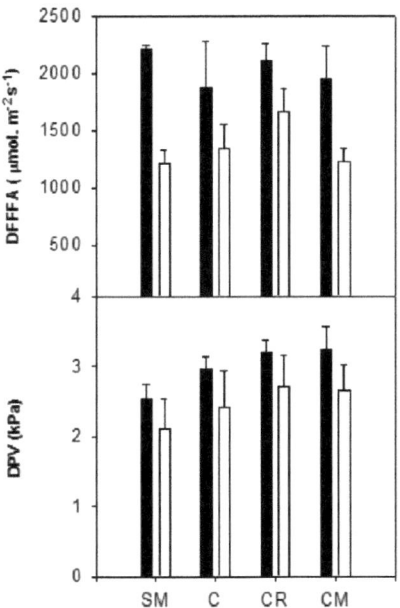

FIGURA 3: Valores médios sazonais da densidade de fluxo de fótons fotossinteticamente ativos (**DFFFA**) e déficit de pressão de vapor (**DPV**) em plantas de seringueira em monocultivo (SM) e café em monocultivo (C), consórcio café/seringueira tipo renque (CR) e consórcio café/seringueira tipo margem (CM) referentes a estação chuvosa (■) e a estação seca (□) às 12 horas, durante o período experimental. Cada barra corresponde a média ± erro padrão de 24 observações.

Um sistema agroflorestal já desenvolvido apresenta uma maior umidade que aquele em início de desenvolvimento e com área mais aberta. Desse modo, como o **DPV** depende da temperatura e da umidade relativa do ar este valor em uma área mais vegetada pode ser maior que em uma área menos vegetada (Monteit et al., 1991).

4.1.2 Potencial hídrico foliar e umidade do solo

A Figura 4 mostra os resultados obtidos para o potencial hídrico foliar e umidade do solo referentes a média da estação chuvosa e da estação seca do período experimental, para os diferentes sistemas de cultivos. A análise desses resultados às 6 horas evidencia que o potencial hídrico nas duas espécies apresentou valores próximos na estação chuvosa, indicando que as espécies permaneceram em condições hídricas similares sendo os valores compreendidos entre –0,5 e –0,8 MPa nos cafeeiros do consórcio tipo renque e seringueiras em monocultivo clone PB235. Freitas (2000) avaliando o comportamento ecofisiológico de cafeeiros e seringueiras na região de Patrocínio-MG encontrou valores de –1,3 MPa para a cultivar Rubi na estação chuvosa ao amanhecer, valores estes inferiores aos observados neste trabalho.

Ainda às 6 horas, a observação do potencial hídrico foliar na estação seca mostra valores mais negativos para os cafeeiros, especialmente os consorciados, de modo que aqueles do consórcio tipo renque diferiram significativamente dos demais tratamentos. As seringueiras do clone GT1 plantadas em monocultivo apresentaram o maior potencial hídrico nesta estação. Entre os cafeeiros, os maiores valores foram observados nos cafeeiros em monocultivo não sendo observadas diferenças significativas.

A avaliação do potencial hídrico ao meio-dia na estação chuvosa (Figura 4) indica os menores valores, principalmente nos cafeeiros, estando os valores

25

compreendidos entre -1,5 a -2,5 MPa e entre -0,6 e -1,0 MPa para as seringueiras. Apesar das diferenças de valores observadas, os cafeeiros não se diferenciaram nas estações estudadas, sendo observadas diferenças quando comparados com as seringueiras.

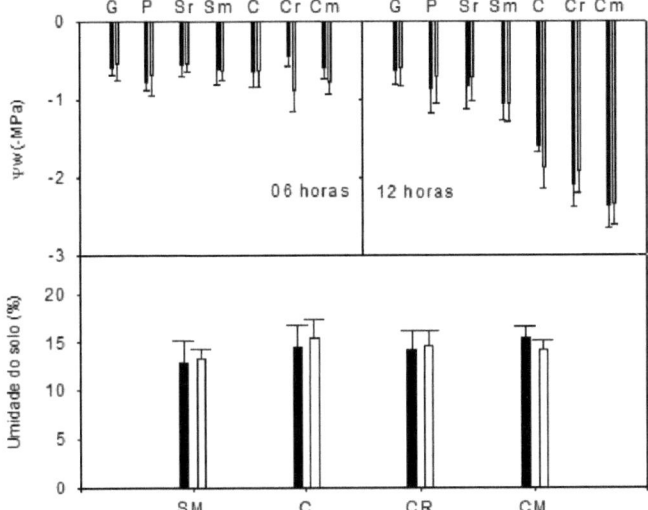

FIGURA 4: Valores médios sazonais (± erro padrão) do potencial hídrico foliar (Ψw) ao amanhecer e ao meio-dia (solar) referentes a estação chuvosa (■) e a estação seca (□) em plantas de seringueira em monocultivo (P e G), café em monocultivo (C), café e seringueira consorciados em renque (Cr e Sr), café e seringueira consorciados em margem (Cm e Sm) e umidade do solo em plantas de seringueira em monocultivo (SM) e café em monocultivo (C), consórcio café/seringueira tipo renque (CR) e consórcio café/seringueira tipo margem (CM) às 12 horas, durante o período experimental.

A análise dentro da espécie não apontou diferenças significativas entre os cafeeiros, apesar daqueles do consórcio tipo margem apresentarem valores mais negativos. Entre as seringueiras também não foram observadas diferenças. A observação dos valores do potencial hídrico às 12 horas na estação seca indica um comportamento similar ao observado na estação chuvosa. Em geral, as plantas do consócio tipo renque apresentaram os maiores valores do potencial hídrico nesta estação, indicando uma maior manutenção da umidade. Relacionada a esta característica nas seringueiras pode estar um menor consumo de água associado a uma maior capacidade de suas raízes em absorver água das camadas mais profundas do solo.

O potencial hídrico ao meio-dia atingiu valores próximos de −3,0 MPa no cafeeiro, condição esta que segundo Kumar & Tieszen (1980a) é prejudicial ao cafeeiro. Da Mata et al. (1997a) ao trabalhar com plantas jovens de **Coffea arabica** e **Coffea canephora** sob condições de estresse hídrico encontraram valores próximos, porém ao amanhecer.

Não foram observadas diferenças entre os tratamentos e as estações avaliadas para a umidade do solo avaliada durante o período experimental.

4.1.3 Trocas gasosas e eficiência fotoquímica do fotossistema II

Os resultados médios sazonais para a fotossíntese líquida, condutância estomática, transpiração e eficiência fotoquímica do fotossistema II (razão Fv/Fm), observados às 12 horas, para os tratamentos estudados estão apresentados na Figura 5. Observa-se pelos valores apresentados que as taxas de fotossíntese obtidas na estação chuvosa e estação seca apresentaram diferenças, sendo os valores mais elevados encontrados em geral, na estação chuvosa.

Em geral, a fotossíntese liquida observada entre as seringueiras (4,03 a 9,8 $\mu mol\ m^{-2}\ s^{-1}$) foi superior aos valores observados para os cafeeiros (0,7 a 4,4

μmol m^{-2} s^{-1}). Entre os sistemas de cultivo, verifica-se os maiores valores nas plantas de seringueira do consórcio tipo renque, enquanto que os menores valores foram observados em cafeeiros do consórcio tipo margem. Estas variações podem ocorrer devido a características ecológicas das espécies ou provavelmente porque o cafeeiro é uma planta de sub-bosque e a seringueira uma planta heliófita, como relatado por Macedo et al. (1999).

Ressalta-se ainda que na estação seca os cafeeiros apresentam taxas de fotossíntese maiores que as observadas na estação chuvosa, contudo, não foram observadas diferenças, para as seringueiras foi observado um comportamento inverso. Esse comportamento pode ser atribuído as características das espécies, como já citado anteriormente. Além disso, pode, de certa forma, indicar que um microclima caracterizado por níveis de radiação mais baixos, uma baixa demanda evaporativa da atmosfera e temperaturas mais amenas são favoráveis ao processo fotossintético do cafeeiro, como já verificados em outros estudos entre eles Kumar & Tieszen (1980b) e Freitas et al. (2000).

Os resultados obtidos para a condutância estomática revelam que as maiores taxas de fotossíntese são associadas a valores mais elevados de condutância, sugerindo um controle da fotossíntese pelos fatores estomáticos. As diferenças na condutância estomática verificadas entre as estações foram mais pronunciadas na estação chuvosa. Os valores de condutância obtidos para as seringueiras diferiram daqueles observados nos cafeeiros. Os resultados obtidos não apresentaram diferenças significativas entre as espécies na estação seca. Mesmo não sendo observadas diferenças significativas na estação seca observa-se que as seringueiras em monocultivo clone GT1 apresentaram as menores condutâncias observadas, a exemplo dos cafeeiros do consórcio tipo margem na estação chuvosa.

28

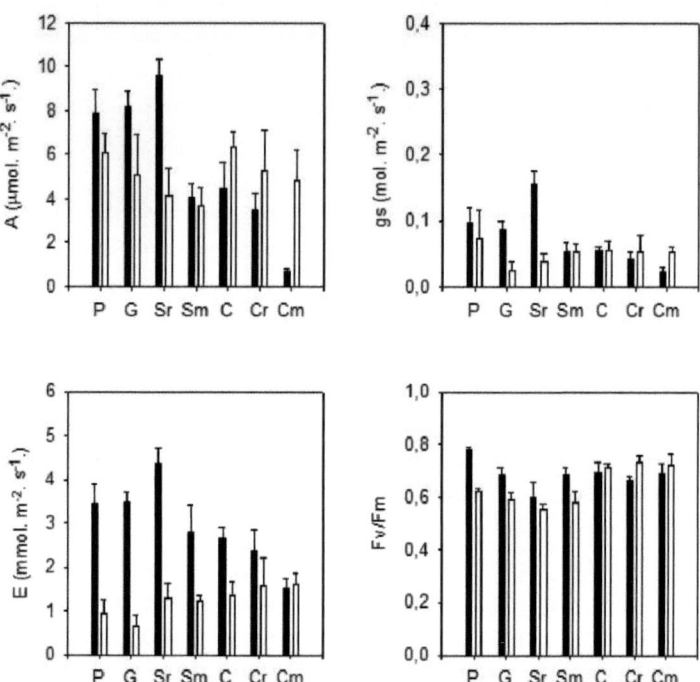

FIGURA 5: Valores médios sazonais da fotossíntese líquida (**A**), condutância estomática (**gs**), transpiração (**E**) e eficiência fotoquímica do fotossistema II (**Fv/Fm**) referentes a estação chuvosa (■) e a estação seca (□) às 12 horas, em plantas de seringueira em monocultivo (**P** e **G**), café em monocultivo (**C**), seringueira e café consorciados em renque (**Sr** e **Cr**) seringueira e café consorciados em margem (**Sm** e **Cm**). Cada ponto corresponde a média (± erro padrão) de 20 observações.

Em relação aos resultados obtidos para a transpiração, observa-se que os valores obtidos para a estação chuvosa diferem daqueles observados na estação seca, exceto nos cafeeiros consorciados. Na estação chuvosa observa-se que as seringueiras do consórcio tipo renque diferiram dos demais tratamentos apresentando a maior taxa transpiratória. A observação dentro do gênero **Coffea** aponta os maiores valores para o tratamento em monocultivo, mesmo sem apresentar diferenças dos demais tratamentos. Deve-se ressaltar que altas taxas de transpiração muitas vezes estão associadas a altas temperaturas e adaptações ecológicas da espécie (Da Mata et al., 1997b). Para a estação seca não foram observadas diferenças entre os diferentes sistemas de cultivo, mas destaca-se que os menores valores de transpiração foram observados nas seringueiras em todos os tratamentos.

Observa-se ainda na Figura 5 que a eficiência fotoquímica do fotossistema II, medida pela razão Fv/Fm apresentou diferenças para as seringueiras em monocultivo clone PB235 (P) na estação chuvosa, permanecendo os valores entre 0,60 e 0,78 para a seringueira e entre 0,67 e 0,69 para os cafeeiros, sendo os menores valores observados nesta estação nas seringueiras do consórcio tipo renque; entre os cafeeiros os maiores valores foram apresentados pelos cafeeiros em monocultivo mesmo sem diferirem daqueles em consórcio.

De acordo com Bolhar-Nordenkampf et al. (1989) valores de Fv/Fm entre 0,75 e 0,85 são característicos de plantas não estressadas. Valores mais elevados da razão Fv/Fm indicam um decréscimo na dissipação não fotoquímica da energia radiante pelos centros de reação do fotossistema II (Eastman & Camn, 1995). Na estação seca observa-se um comportamento inverso entre as espécies, sendo que desta vez os maiores valores são apresentados pelos cafeeiros que diferem das seringueiras. Os valores observados variaram entre 0,55 a 0,62 para as seringueiras e 0,67 a 0,7 para os cafeeiros. Nesta estação é observado, portanto, uma maior susceptibilidade da seringueira à danos no fotossistema II sugerindo que uma menor disponibilidade de água no solo prejudica seu desenvolvimento como salientado por Ortolani et al. (1985) no zoneamento agroclimático para a heveicultura do Estado de Minas Gerais.

4.1.4 Variação diurna das condições microclimáticas, trocas gasosas e eficiência fotoquímica do fotossistema II

As Figuras 6, 7 e 8 apresentam as variações diurnas das características microclimáticas, de trocas gasosas e eficiência fotoquímica do fotossistema II obtidas em duas datas de observação, em dias claros da estação chuvosa (17.03.2001) e da estação seca (24.06.2001).

Nota-se na Figura 6 que os níveis de densidade de fluxo do fótons fotossinteticamente ativos apresentaram um comportamento similar entre os tratamentos. Em geral, em março observou-se valores mais elevados, que variaram de 1050 a 2300 μmols m^{-2} s^{-1} que os observados para o mês de junho que variaram de 300 a 1700 μmols m^{-2} s^{-1}. Em ambas as datas de avaliação foi possível verificar um comportamento similar da radiação ao longo do dia, observando um aumento entre nove e doze horas seguido de um decréscimo às quinze horas. Entretanto, nota-se para a área de seringueira em monocultivo uma redução da **DFFFA** ao longo do dia no mês de junho que pode ser associado à passagem de nuvens no momento da medida.

Em relação ao déficit de pressão de vapor da atmosfera verifica-se um aumento ao longo do dia, variando entre 2,2 a 4,7 kPa na estação chuvosa. Os menores valores de **DPV** nessa data foram observados em plantas de seringueira em monocultivo. Para a estação seca os valores de **DPV** obtidos são inferiores aos observados em março, variando de 1,9 a 3,0 kPa, não sendo verificadas diferenças significativas entre os sistemas de cultivo e espécies. Nesta data,

31

observa-se que as variações no déficit de pressão de vapor respondem às variações da radiação.

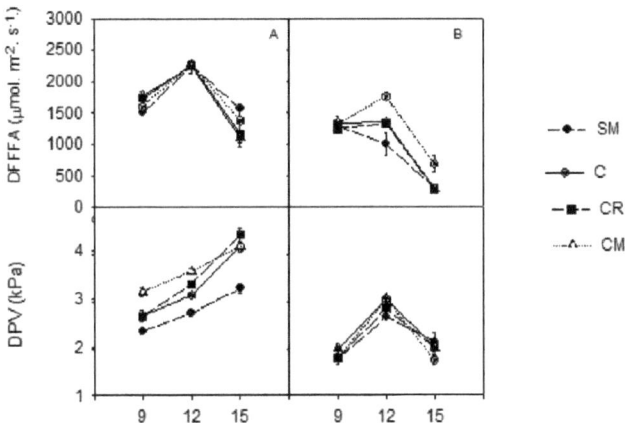

FIGURA 6: Variação diurna da densidade de fluxo de fótons fotossinteticamente ativos (DFFFA) e déficit de pressão de vapor (DPV) em diferentes horários, em plantas de seringueira em monocultivo (SM-●) e café em monocultivo (C-ϴ), consorcio café/seringueira tipo renque (CR-■) e consórcio café/seringueira tipo margem (CM-Δ), na estação chuvosa, A, (17.03.2001) e na estação seca, B, (24.06.2001), em diferentes horários. Cada ponto corresponde a média ± erro padrão de 8 observações.

Os resultados obtidos para essas características evidenciam que o dia 17.03 é caracterizado por uma alta umidade, enquanto que em 24.06 tem-se uma condição de menor umidade. Deve-se ainda ressaltar que a data 17.03 segue um dia com precipitação de 47,5 mm e 24.06 é característico de um período sem precipitação (Figura 1). Essas diferentes condições de disponibilidade de água no solo podem ser observadas nos resultados do potencial hídrico (Tabela 2) e umidade do solo (Tabela 3) obtidos nas datas indicadas.

4.1.5 Potencial hídrico foliar e umidade do solo

Entre os tratamentos, a média geral do potencial hídrico ao amanhecer, como pode ser observado na Tabela 2 na data 17.03.2001 apresentou diferenças significativas entre as espécies nos diferentes tratamentos, de modo que as seringueiras em monocultivo, clone PB235 (P) apresentaram os menores valores entre as espécies nesta data, os maiores valores foram observados naquelas espécies dos tratamentos consorciados, destacando-se o consórcio em renque, por apresentar maior semelhança entre os valores observados. Ainda nesta mesma data, porém às 12 horas, observa-se uma maior variação do potencial hídrico entre as espécies, sendo os maiores valores apresentados pelas seringueiras entre - 0,32 e – 1,0 MPa ao passo que os cafeeiros apresentaram valores em torno de - 1,5 e – 2,6 MPa. Na estação seca 24.06.2001 o potencial hídrico decresceu com a diminuição do índice pluviométrico (Figura 1), sendo os menos negativos observados ao amanhecer nas seringueiras consorciadas. Entre os cafeeiros os menores valores foram apresentados por aqueles do consórcio em renque. Ao meio-dia solar os potenciais chegaram a valores muito negativos, apesar de não serem limitantes a seringueira (Brunini & Cardoso, 1997). Os valores apresentados pelos cafeeiros foram próximos aos encontrados por Da Mata et al. (1997a) em plantas jovens de **Coffea arabica e Coffea canephora**, contudo, Kumar & Tieszen (1980a) relatam que esta é uma condição prejudicial uma vez que reduz a condutância estomática e as taxas de fotossíntese.

Em geral, os valores do potencial hídrico apresentados pelas plantas nos diferentes tratamentos apresentam 24.06.2001 como a data onde se observa os menores valores de potencial hídrico, tanto ao amanhecer quanto ao meio-dia.

Tabela 2: Potencial hídrico foliar ao amanhecer e ao meio-dia solar em seringueiras (G, P) e cafeeiros (C) em monocultivo e em consórcio, (SR, Sm) e (Cr e Cm), respectivamente, referentes as datas de avaliação 17.03.2001 e 24.06.2001.

Tratamento	Potencial hídrico foliar (-MPa)			
	17. 03. 2001		24. 06. 2001	
	06 horas	12 horas	06 horas	12 horas
G	0,38ab	0,32d	0,97ab	1,03c
P	0,57a	0,38d	1,17a	1,43c
C	0,35ab	1,50b	1,03a	2,15b
Sr	0,27b	0,38d	0,72bc	1,30c
Cr	0,30b	1,83b	1,13a	2,23b
Sm	0,25b	1,00c	0,68c	1,28c
Cm	0,35ab	2,62a	1,00a	2,87a

* Médias seguidas pela mesma letra, na vertical, não diferem estatisticamente pelo teste de Tukey ao nível de 5% de probabilidade.

A análise da Tabela 3 mostra que os valores de umidade do solo variaram entre as datas avaliadas, sendo que as maiores porcentagens foram observadas na data referente estação chuvosa 17.03.2001 e as menores na estação seca 24.06.2001. Observa-se uma relação entre a umidade do solo e o potencial hídrico foliar, podendo-se notar uma relação direta entre eles.

Tabela 3: Umidade do solo durante a estação chuvosa (17.03.2001) e durante a estação seca (24.06.2001) em áreas de plantio de seringueiras e cafeeiros em monocultivo (SM e Cm) e consorciados (CR e CM), respectivamente.

Tratamento	Umidade do Solo (%)	
	17. 03. 2001	24. 06. 2001
SM	16,7a	12,6a
Cm	17,2a	15,2a
CR	17,6a	13,9a
CM	15,7a	13,0a

* Médias seguidas pela mesma, letra na vertical, não diferem estatisticamente pelo teste de Tukey ao nível de 5% de probabilidade.

Para a transpiração observa-se em geral respostas que acompanham a curva da radiação, sendo as maiores taxas observadas para as seringueiras. Esse comportamento é característico de condições onde não há restrições de oferta de água no solo como também observado por Souza, 2001; Almeida, 2001 e Zanela 2001, como indicam os valores de potencial hídrico e umidade do solo (Tabelas 2 e 3). A análise da variação diurna das diferentes características de trocas gasosas e eficiência fotoquímica do fotossistema II para 17.03.2001, período com alta umidade e alta temperatura, mostra que a fotossíntese tende a decrescer ao longo do dia de maneira mais nítida nas espécies em monocultivo e para o café em condições de consórcio (Figura 7). Esse comportamento revela uma resposta inversa da fotossíntese ao **DPV**. Em plantas de seringueira em consórcio, os resultados obtidos sugerem uma menor influência do **DPV** na fotossíntese, esses resultados evidenciam uma resposta mais direta a radiação. Em geral, as maiores taxas de fotossíntese foram verificadas para as seringueiras, sendo observadas para os cafeeiros maiores valores em condições de baixa radiação e menor **DPV**, condições características do início da manhã. Souza (2001) estudando o comportamento fisiológico de diferentes cultivares de café observou melhores respostas em menores níveis de radiação.

35

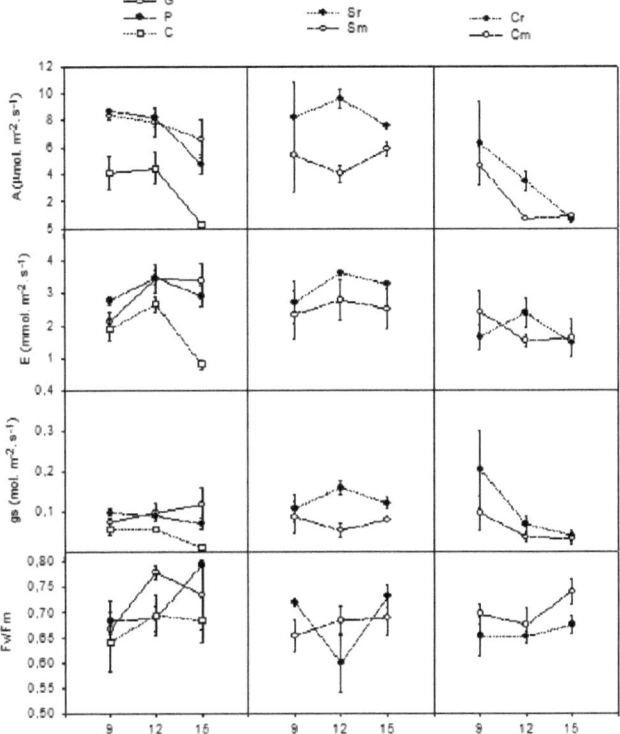

FIGURA 7: Variação diurna da fotossíntese líquida (**A**), condutância estomática (**gs**), transpiração (**E**) e eficiência fotoquímica do fotossistema II (**Fv/Fm**) em diferentes horários, em plantas de seringueira em monocultivo clone GT1 (G-O) e clone PB235 (P-●), em consórcio tipo renque (Sr-●) e tipo margem (Sm-O) e cafeeiros em monocultivo (C-□), em consórcio tipo renque (Cr-●) e tipo margem (Cm-O) em 17. 03. 2001. Cada ponto corresponde a média ± erro padrão de 4 observações.

Em geral, o comportamento estomático influenciou a fotossíntese, como pode ser observado na variação diurna da condutância estomática e da fotossíntese da Figura 7. Ainda é possível observar que, em resposta ao fechamento estomático a taxa transpiratória também foi afetada. Resposta similar as observadas nas plantas de seringueira e café foram encontradas por Machado et al. (1994) ao avaliarem as trocas gasosas em plantas de laranja.

Os resultados obtidos para a razão Fv/Fm variaram entre 0,68 a 0,79 para as seringueiras em monocultivo e entre 0,64 a 0,69 nos cafeeiros em monocultivo. Esses resultados indicam para o cafeeiro uma condição de estresse que pode afetar o fotossistema II, uma vez que estão abaixo de 0,75, valor indicativo de estresse, onde a planta começa a sofrer algum dano em seu aparelho fotossintético. Para a seringueira em consórcio renque observa-se uma redução ao meio-dia, provavelmente associada a alta radiação, fato que não afetou a fotossíntese. Nos cafeeiros do consórcio tipo renque os valores observados foram menores, característicos de estresse, que podem ser associados a alta radiação ao longo do dia. Entretanto esses resultados não explicam as reduções da fotossíntese, sendo esta mais controlada pela condutância estomática. Groninger et al. (1996) encontraram respostas similares em plantas de "Virgínia Piedmont", onde a razão Fv/Fm variou entre 0,65 nas plantas a pleno sol a 0,76 nas plantas com alto sombreamento.

Na Figura 8, que refere-se as observações de 24.06.2001, período seco e com baixas temperaturas, observa-se que as plantas de café e seringueira exibem um comportamento similar quanto as taxas fotossintéticas. Às 9 horas as plantas atingem os valores mais altos, sendo que nas avaliações posteriores foram observadas quedas nestes valores. Nesta data verifica-se que os cafeeiros consorciados apresentaram taxas superiores aos demais tratamentos, principalmente os cafeeiros do consórcio tipo renque, que diferiram dos demais tratamentos nas avaliações das 9 e 12 horas. Freitas (2000) ao avaliar a variação da fotossíntese em diferentes cultivares de café em diferentes níveis de sombreamento encontrou nas plantas cultivadas a pleno sol taxas fotossintéticas inferiores aquelas observadas naqueles cultivados com menores intensidades luminosas.

Foram observados durante as avaliações que ocorre um aumento nos valores de transpiração nos cafeeiros consorciados e seringueiras em monocultivo ao passo que os demais tratamentos apresentaram uma tendência de queda. Gutiérrez et al. (1994) ao estudarem a regulação da transpiração em plantas de café observaram que esta característica aumentou linearmente com o aumento da radiação. Os cafeeiros em monocultivo apresentam comportamento similar, acompanhando a curva da radiação.

Os valores de condutância estomática indicam que os cafeeiros consorciados apresentaram valores superiores aos observados nas plantas de café monocultivo e seringueiras em geral. As diferenças na capacidade fotossintética podem estar associadas as diferenças observadas na condutância estomática. De forma similar à fotossíntese, a condutância estomática dos cafeeiros em consórcio apresentaram valores superiores aos observados nas outras plantas dos demais tratamentos. Cascardo (1991) estudando o comportamento da seringueira observou que a condutância estomática dessa espécie apresentava altos valores no início da manhã, com decréscimo ao meio-dia devido aos altos valores. O mesmo autor também verificou que o aumento às 15 horas pode estar relacionado com a diminuição no déficit de pressão de vapor (Figura 6). Ellsworth & Reich (1992) ao estudarem o comportamento da fotossíntese e da condutância estomática observaram que o potencial hídrico foliar em um ano seco não influenciou estas características ao passo que as observações do **DPV** em um ano úmido mostraram um aumento nas limitações estomáticas, sendo então o alto **DPV** o aparente responsável pela redução da fotossíntese.

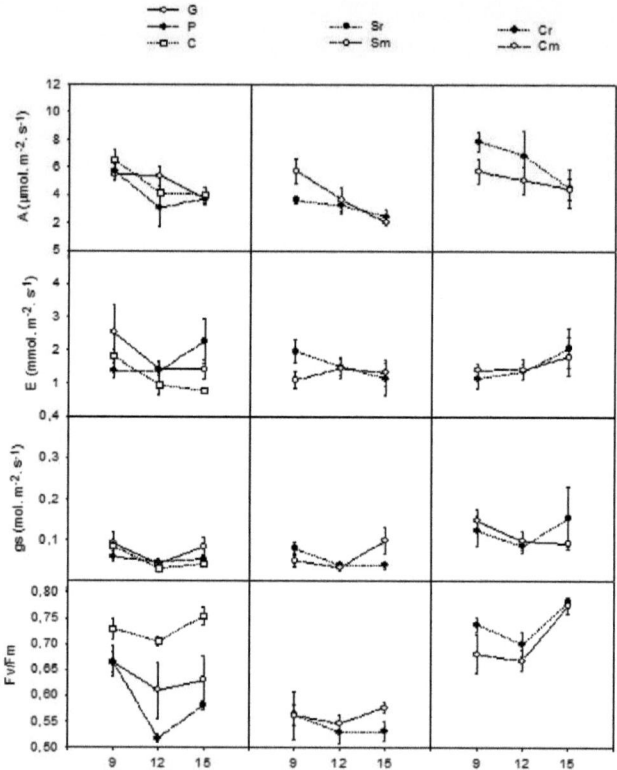

FIGURA 8: Variação diurna da fotossíntese líquida (**A**), condutância estomática (**gs**), transpiração (**E**) e eficiência fotoquímica do fotossistema II (**Fv/Fm**) em diferentes horários, em plantas de seringueira em monocultivo clone GT1 (G-O) e clone PB235 (P-●), em consórcio tipo renque (Sr-●) e tipo margem (Sm-O) e cafeeiros em monocultivo (C-□), em consórcio tipo renque (Cr-●) e tipo margem (Cm-O) em 24. 06. 2001. Cada ponto corresponde a média ± erro padrão de 4 observações.

As plantas de seringueira apresentaram uma menor razão Fv/Fm quando comparadas aos cafeeiros, sendo observadas diferenças entre as espécies nos horários de avaliação. Nas espécies trabalhadas, observou-se uma diminuição na razão Fv/Fm às 12 horas com uma recuperação posterior às 15 horas, exceção aos clones do consórcio renque, indicando que os níveis de radiação observados podem causar algum tipo de dano reversível ao aparelho fotossintético destas plantas.

Em geral, as seringueiras apresentaram os menores valores da razão Fv/Fm ao meio-dia em todos os tratamentos, indicando ser neste momento do desenvolvimento uma planta sensível à fotoinibição, porém sem representar um dano irreversível, uma vez que recupera-se às 15 horas como pode ser observado na Figura 8. Apesar de ser uma planta heliofita, a introdução em uma região com características distintas daquelas do habitat onde se originou pode ter contribuído com este comportamento. Contudo, Lima (1998) observou em plantas de seringueira clone RRIM-600 valores da razão Fv/Fm acima de 0,8. Resposta contrária foi apresentada pelo cafeeiro, tanto naqueles crescendo em monocultivo quanto em consórcio com a seringueira, onde apresentaram uma queda ao meio-dia, com posterior aumento na próxima medida. Da Matta (1995) encontrou em plantas de café valores médios de Fv/Fm menores que 0,6 ao submete-los a tensões abióticas.

4.1.6 Crescimento e ontogenia foliar de plantas de seringueira

Os diferentes tipos de cultivo em que os clones se encontravam mostraram não influenciar o crescimento e o desenvolvimento dos mesmos nesta fase do desenvolvimento. Em relação a altura, as plantas de seringueira do tratamento em consórcio (Sr) apresentaram, em geral, um maior crescimento em relação ao observado nos demais tratamentos. A observação dos clones nos diferentes tratamentos não apresentou diferenças nos plantios em monocultivo e em consórcio, contudo, as plantas do consórcio tipo renque (Sr) apresentaram os maiores valores em altura (Figura 9), tanto na estação chuvosa quanto na estação seca.

Nos meses secos observou-se uma paralisação no crescimento das plantas devido à menor disponibilidade de água no solo e à queda da temperatura, características deste período. As temperaturas baixas reduzem o metabolismo das plantas, diminuindo as taxas de crescimento. Efeitos mais drásticos ocorrerem quando à baixa radiação está associada as condições limitadas de disponibilidade hídrica (Menzel & Simpson, 1994).

As plantas do consórcio tipo renque (Sr) apresentaram os maiores valores em altura em relação aos demais tratamentos podendo esta diferença estar associada a características do microclima do sistema de cultivo. As medidas de diâmetro das plantas de seringueira não apresentaram diferenças entre os tratamentos. Houve um comportamento diferenciado para as seringueiras em monocultivo (G) que apresentaram diferenças no diâmetro em relação aos demais tratamentos nas estações avaliadas, entretanto, os maiores valores foram observados no tratamento Sr.

O crescimento do diâmetro do caule pode ser um bom indicador da capacidade assimilatória líquida da planta. Desse modo, a atividade cambial estimulada por fotoassimilados influencia no aumento do diâmetro, que segundo Naves (1993) guarda uma relação mais direta com a fotossíntese líquida que o crescimento em altura, o qual depende mais dos carboidratos acumulados.

A Figura 9 apresenta ao taxa de crescimento em altura e diâmetro das seringueiras nos diferentes tratamentos.

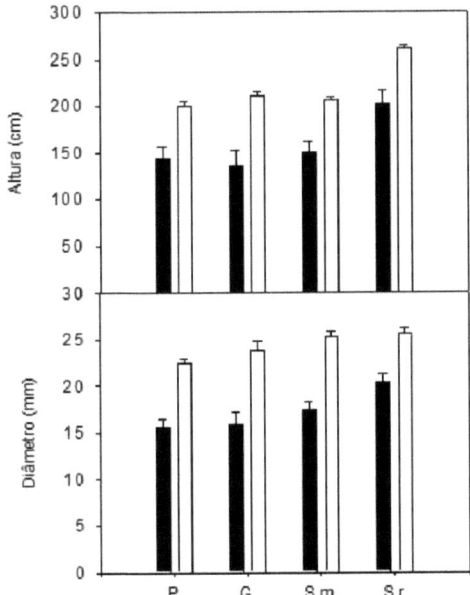

FIGURA 9: Crescimento em altura e diâmetro na estação chuvosa (■) e na estação seca (□) em plantas de seringueira em monocultivo, G e P e em consórcio, Sm e Sr, respectivamente. Médias sazonais ± erro padrão de 30 observações.

Em geral, o comportamento dos clones mostra nesta fase do desenvolvimento que o crescimento em diâmetro apresentou-se melhor no clone GT1 (G) em relação ao clone PB235 (P).

A Figura 10 ilustra a variação da ontogenia foliar ao longo do período experimental. Nas plantas estudadas os lançamentos foliares, isto é, A, B1 e D, foram avaliados em intervalos semanais. Observa-se que tanto os clones em monocultivo quanto os consorciados apresentaram uma rápida velocidade de maturação foliar na estação chuvosa. Na estação seca observou-se um decréscimo dessa velocidade, esse decréscimo pode estar associado a queda de temperatura observada no período e também a disponibilidade hídrica, fato similar é observado nas plantas consorciadas.

Característica similar a evolução foliar de plantas de seringueira foi constatada por Soares et al. (1993) ao trabalharem com diferentes sistemas de produção de mudas de seringueira. Estes verificaram que após o período de inverno, quando se observou uma paralisação do desenvolvimento foliar, um maior número de plantas apresentavam lançamentos novos.

No início da estação chuvosa as seringueiras plantadas em monocultivo (P) apresentaram maiores quantidades de folhas nos estádios A e B1. Os clones plantados em consórcio apresentaram um maior número de folhas no estádio D, este fato indica um maior período em que as plantas não manifestaram crescimento em altura, enquanto os clones em monocultivo (G) apresentavam-se em fase intermediária aos anteriores o que pode explicar o aumento no diâmetro deste clones, (Figura 10), sugerindo um maior crescimento em relação as plantas dos demais tratamentos.

Costa et al. (1996) verificaram que alguns clones de seringueira (**Hevea** spp) encontravam-se em fase de queda de folhas e lançamento foliar no fim da estação seca.

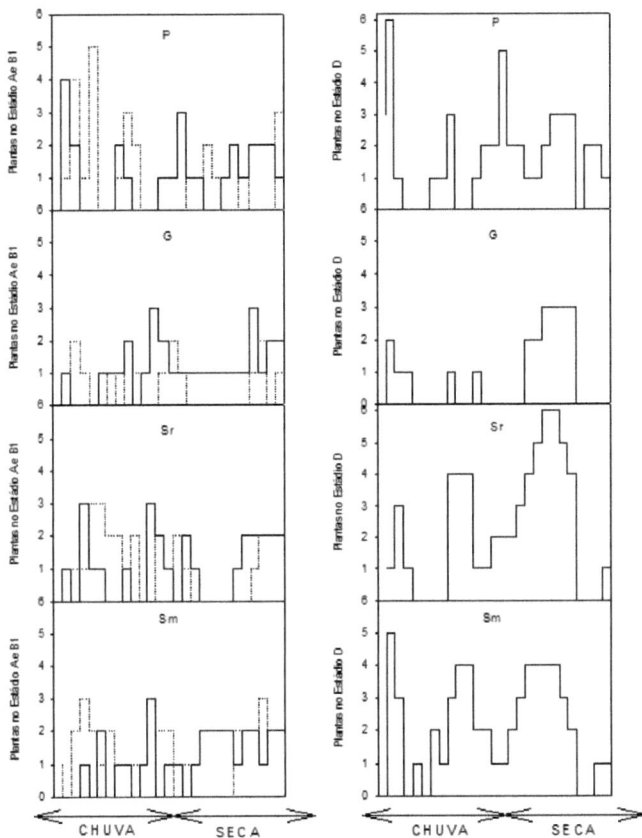

FIGURA 10: Variação da ontogenia foliar de clones de seringueira em monocultivo e consorciados durante o período experimental. (——) representam o estádio A e D, (......) representam o estádio B1.

4.2 Características anatômicas

No estudo da epiderme da face adaxial, em vista frontal, observa-se na Tabela 4 para os diferentes clones de seringueira em monocultivo e consorciados que o número máximo de estômatos foi atingido nas plantas de seringueira do consórcio margem (M). Nota-se ainda que há um aumento do número de estômatos para o clone GT1 (G) sobre o PB235 (P) nos tratamentos em monocultivo.

Através da observação da Tabela 4 pode-se constatar que o número de estômatos foi maior nas plantas de seringueira (Sm e Sr), consorciadas com cafeeiros. Como observado nas seringueiras do Sm e Sr, esta é uma característica observada em folhas de plantas expostas a pleno sol, sendo relatado por muitos autores, entre eles (Knect & O'Leary, 1972; Sílvia & Anderson, 1985; Castro et al., 1998; Almeida, 2001 e Zanela, 2001), o que pode indicar um mecanismo de adaptação das plantas às condições de baixa disponibilidade hídrica no solo. Esta característica de acordo com Medri & Lleras (1980b) pode assegurar as plantas aproveitarem o tempo limitado de umidade relativa alta para realizar trocas gasosas mais eficientemente com o ambiente. O diâmetro polar e equatorial apresentaram menores valores no tratamento consorciado Sr (Tabela 4).

Ainda no estudo da epiderme da face adaxial, em vista frontal, observa-se na Tabela 5 que o número total de estômatos por mm^2 nos diferentes tratamentos influenciaram as regiões das folhas dos clones, havendo diferenças significativas entre os tratamentos. As plantas de seringueira do consórcio margem (Sm) diferiram significativamente dos demais tratamentos, enquanto as do consórcio renque (Sr) apresentaram os menores valores em diâmetro.

Tabela 4: Número de estômatos por mm^2 e diâmetros polar e equatorial em clones de seringueira plantados em monocultivo e consorciados.

Tratamento	N° estômatos/ (mm^2)	Diâmetro polar (μm)	Diâmetro equatorial (μm)
P	286,0d	25,94a	14,0ab
G	348,17b	25,45a	15,25b
Sr	336,33c	23,27b	13,1c
Sm	397,0a	27,28a	19,44a

* Médias seguidas pela mesma letra não diferem entre si pelo teste de Tukey ao nível de 5% de probabilidade.

As folhas de seringueira apresentaram modificação estrutural em relação aos clones nos diferentes sistemas de cultivo. Medri & Lleras (1980a) descreveram a folha de seringueira em clones diplóide e poliplóides, na qual o parênquima paliçádico aparece juntamente com o esponjoso e logo abaixo a epiderme inferior, sendo está estrutura chamada de dorsiventral ou bifacial, entretanto neste estudo as folhas de seringueira dos clones estudados apresentaram parênquima paliçádico nas duas superfícies (Figura 12), estrutura esta conhecida como isobilateral; a espessura dos parênquimas paliçádico e lacunoso também foram diferentes, apresentando valores superiores aos observados por outros autores (Tabela 5).

A análise estatística da variação da espessura do limbo, do parênquima paliçádico e do parênquima lacunoso mostram diferenças, sendo estas estatisticamente significativas ao compararem-se os tipos de cultivo. Medri & Lleras (1980a) ao estudarem clones diplóides e poliplóides de seringueira também encontraram diferenças nessas características.

46

Tabela 5: Espessura do limbo, parênquima palicádico, lacunoso, face abaxial e adaxial de plantas de seringueira em monocultivo e consorciados na região de Lavras- MG.

Espécie	Tratamento	Esp. do limbo (μm)	Esp. par. palicádico (μm)	Esp. par. Lacunoso (μm)	Face abaxial (μm)	Face adaxial (μm)
Seringueira	P	324,8a	167,0a	109,3a	21,0b	27,7a
Seringueira	G	320,8a	155,6b	111,8a	23,3a	30,1a
Seringueira	Sr	271,6c	130,5c	95,4b	19,7b	26,1a
Seringueira	Sm	293,7b	154,8b	91,3b	19,3b	28,3a

* Médias seguidas pela mesma letra não diferem estatisticamente pelo teste de Tukey, ao nível de 5% de probabilidade.

As células paliçádicas dos cafeeiros dos consórcios em margem e renque (Cm e Cr) não diferiram significativamente daquelas do café em monocultivo (C), fato que indica não está ocorrendo efeito do sombreamento das seringueiras sobre os cafeeiros. O tecido lacunoso também não apresentou diferenças significativas, uma vez que trata-se de um plantio novo onde existe pouca concorrência pelos fatores ambientais, como pode ser observado na Tabela 6.

Tabela 6: Espessura do limbo, parênquima palicádico, lacunoso, face abaxial e adaxial de plantas de cafeeiros em monocultivo e consorciados na região de Lavras- MG.

Espécie	Tratamento	Esp. do limbo (μm)	Esp. par. Palicádico (μm)	Esp. par. Lacunoso (μm)	Face abaxial (μm)	Face adaxial (μm)
Café	C	590,2a	143,2b	375,7a	28,2a	43,1b
Café	Cr	593,3a	150,2a	367,0a	30,0a	46,1a
Café	Cm	607,2a	153,8a	376,1a	29,7a	48,1a

* Médias seguidas pela mesma letra não diferem estatisticamente pelo teste de Tukey, ao nível de 5% de probabilidade.

Voltan et al. (1992) ao estudarem a variação da anatomia foliar de cafeeiros submetidos a diferentes intensidades luminosas observaram diferenças entre as plantas cultivadas a pleno sol e em intensidades de luz intermediárias. Neste trabalho não foram observadas influências das seringueiras nas respostas anatômicas dos cafeeiros nesta fase do cultivo (Tabela 6).

Muitos trabalhos abordam o problema da intensidade de radiação solar no cafeeiro. Em relação a esta espécie, poucos trabalhos têm descrito a anatomia foliar dessas plantas crescendo em sistema de consórcio e monocultivo. Neste trabalho, não foram observadas diferenças significativas no número de estômatos por mm^2, no índice estomático, no diâmetro polar e no diâmetro equatorial (Tabela 7). Em relação ao número de estômatos, os autores citados anteriormente encontraram em cafeeiros cultivados a pleno sol um número muito inferior aos observados nos cafeeiros estudados neste trabalho (Tabela 7).

Tabela 7: Número de estômatos, de células, índice estomático e diâmetros polar e equatorial de cultivares de café em monocultivo e consorciados.

Tratamento	N.º estômatos/ (mm^2)	Índ. Estomático (%)	D. polar (μm)	D. Equatorial (μm)
Cm	406,45a	307,14a	25,39a	15,66a
Cr	426,61a	301,53a	24,94a	15,19a
C	407,74a	287,35a	24,57a	15,17a

* Médias seguidas pela mesma letra não diferem entre si pelo teste de Tukey ao nível de 5% de probabilidade.

Observa-se nas Figuras 11 e 12 a seção transversal do mesofilo de plantas de café e seringueira nas diferentes formas de cultivo, onde verifica-se que as seringueiras não foram capazes de influenciar o comportamento anatômico do cafeeiro nesta fase do cultivo.

48

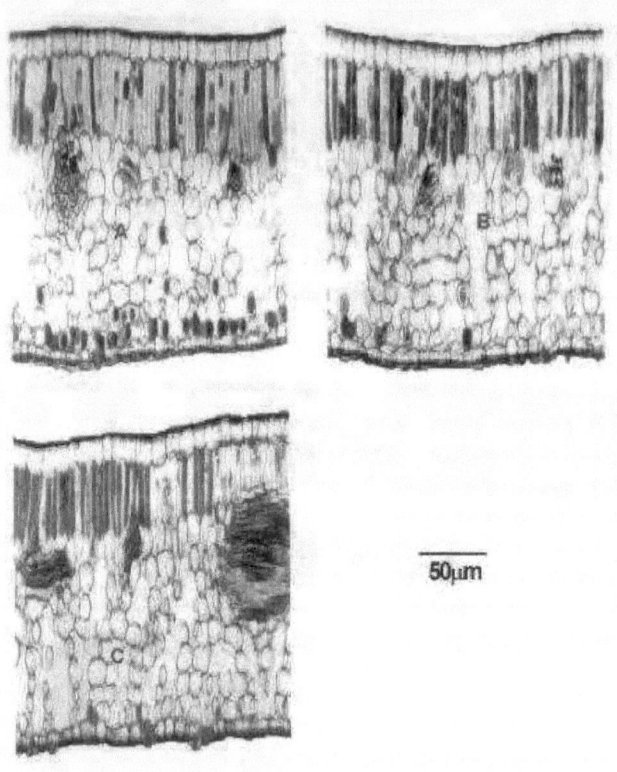

FIGURA 11: Seção transversal do mesofilo de folhas de seringueiras em margem **A** (Sma); do consórcio tipo monocultivo **B** (Sm) e do consórcio tipo renque **C** (Sr), respectivamente.

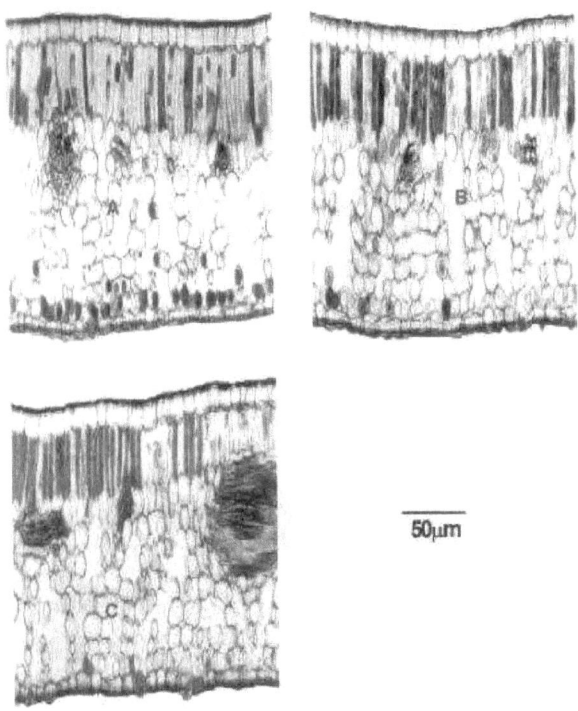

50µm

FIGURA 12: Seção transversal do mesofilo de folhas de cafeeiro em cultivo tipo margem **A** (Cma). Consórcio tipo renque **B** (Cr) e monocultivo **C** (Cm), respectivamente.

5 CONCLUSÕES

As avaliações das trocas gasosas mostraram, em geral, para os clones de seringueira uma maior taxa de fotossíntese.

Um microclima caracterizado por níveis de radiação mais baixos, uma baixa demanda evaporativa da atmosfera e temperaturas mais amenas são favoráveis ao processo fotossintético do cafeeiro.

Maiores teores de nitrogênio foliar nos cafeeiros. Crescimento da seringueira influenciado pelo sistema de cultivo de forma que as plantas do consórcio em renque apresentaram um melhor desenvolvimento.

O estudo das características anatômicas apresentou a estrutura isobilateral nas folhas de seringueira. Nos cafeeiros não foram encontradas evidências que indicassem ser influenciados pelo sombreamento das seringueiras.

Em geral, os resultados não permitiram evidenciar efeitos dos sistemas de cultivo no comportamento das plantas estudadas, contudo, foi observado que o consórcio tipo renque apresentou-se mais favorável ao desenvolvimento das seringueiras e às características fisiológicas dos cafeeiros. Por outro lado, ressalta-se a necessidade da continuidade desses estudos para que se possa caracterizar todas as fases do desenvolvimento vegetal nestas formas de cultivo do cafeeiro com a seringueira, fundamentais para uma abordagem da questão do consórcio do cafeeiro com espécies perenes.

6 REFERÊNCIAS

ABRAMS, M. D.; MOSTOLLER, S. A. Gas exchange, leaf structure and nitrogen in contrasting sucessional tree species growing in open and understory sites during a drought. **Tree Physiology**, Vicoria, v. 15, p. 361-370, 1995.

ALMEIDA, L. P. **Germinação, crescimento inicial e anatomia foliar de plantas jovens de *Cryptocarya aschersoniana* Mez. Sob diferentes níveis de radiação.** Lavras: UFLA, 2001. 96p. (Dissertação- Mestrado em Agronomia/ Fisiologia Vegetal).

ALVIN, R. O cacaueiro (***Theobroma cacao*** L.) em sistemas agrossilviculturais. **Agrotrópica**. 1: 89-103, 1989.

ASSIS JÚNIOR, S. L; ZANUNCIO, J. C.; KAZUYA, M. C. M.; et al. Sistemas agroflorestais *versus* monoculturas: resposta da atividade microbiana do solo. IN: SIMPÓSIO INTERNACIONAL SOBRE ECOSSISTEMAS FLORESTAIS, 5, FOREST 98, Curitiba, 1999. **Anais...** Rio de Janeiro, Biosfera, 2000. 4p.

ASHTON, P. M. S.; BERLYN, G. P. Leaf adaptations of some **Shorea** species to sun and shade. **New Phytologist**, Cambridge, v. 121, p. 587-596, 1992.

BOLHAR-NORDENKAMPF, H. R.; LONG, S. P.; BAKER, N. R.; ÖQUIST, G.; SCHREIBER, U.; LECHNER, G. Chlorophyll flourescence as a probe of the photosynthetic competence os leaves in the field: a review of current instrumentation. **Functional Ecology**, v. 3, p. 497-514. 1989.

BOYER, J. S. **Photosynthesis at lower water potencials**. Physophical Transactions of the Royal Society Londron, serie B, v. 273, p.501-512, 1973.

BRASIL. Ministério da Agricultura e Reforma Agrária. Secretaria Nacional de Irrigação. Departamento Nacional de Meteorologia. **Normais Climatológicas 1961-1990**. Brasília, 1992. 84p.

BRUNINI, O.; CARDOSO, M. Efeito do déficit hídrico no solo sobre o comportamento estomático e potencial da água em mudas de seringueira. **Pesquisa Agropecuária Brasileira**, v. 33, n. 7, p. 32 -38. 1998.

BUKATSH, F. Benerkungen zur doppelfarburg astrablau-safranina. **Microkosmos**, v. 61, p. 255. 1972.

CASCARDO, J. C. M. **Comportament0o biofísico, nutricional e metabólico de plantas de seringueira (*Hevea brasiliensis* Muell. Arg.), em função da aplicação de gesso e da disponibilidade de água no solo.** Lavras: ESAL, 1991. 123p. (Dissertação- Mestrado em Agronomia/Fisiologia Vegetal).

CASTRO, E. M. de; GAVILANES, M. L.; ALVARENGA, A. A. de; CASTRO, D. M. de; GAVILANES, T. O. T. Aspectos da anatomia foliar de mudas de *Guarea guidonea* (L.) Sleumer, sob diferentes níveis de sombreamento. **Daphne**, Belo horizonte, v. 8, n.4, p. 31-35. 1998.

CHAMORRO-TREJOS, GALLO-CARDONA; LÓPES-ALZATE. Evaluation economica del sistema agroflorestal café asociado com nogal. **Cenicafé**. Caldas, v. 45, n. 4, p. 164-171, 1994.

COSTA, J. L. R.; SERCILITO, C. M.; OLIVEIRA, L. E. M. de; LIMA, D. U. de; GUERRA NETO, E. G Avaliação do comportamento fenológico de clones de seringueira (*Hevea* spp) na região de Lavras-MG no período de julho de 1995 a julho de 1996. In.: Seminário de Iniciação Científica da UFJF, 1, Juiz de Fora. 1996. **Resumos...** Minas Gerais: MEC/UFJF, 1996, p. 17.

COSTA, J. D.; MARTINS, A., N.; BERNARDES, N. S.; FURTADO, E. L.; CASTRO, P. R. C.; SILVEIRA, R. I. **Curso sobre a cultura da seringueira**. Campo Grande: EMPAER, 39p. 1997.

Da MATTA, F.M., MAESTRI, M. ; BARROS, R. S. Photosynthetic performance of two coffee species under drought. **Photosynthetica**, v. 34, p.257-264. 1997a.

Da MATTA, F.M., MAESTRI, M.; MOSQUIM, P. R.; BARROS, R. S. Photossynthesis in coffee (*Coffea arabica* and *C. canephora*) as affected by winter and summer conditions. **Plant Science**, v. 128, p. 43-50. 1997b.

Da MATA, F. M. **Desempenho fotossintético do cafeeiro em resposta a tensões abióticas**. Viçosa: UFV, 1995. 67p (Dissertação de Mestrado).

DANTAS, M. Aspectos ambientais dos sistemas agroflorestais. In.: Congresso Brasileiro sobre sistemas agroflorestais, 1., 1994. Porto Velho. **Anais...** Colombo: EMBRAPA-CNPF. 522p. (Documentos, 27)

DIJKMAN, M.J. **Hevea: thirty years of research in Far East Florida**. Miami: Universtiy of Miami, 1951. 87p.

EASTMAN, P. A. K.; CAMM, E. L. Regulation of photosynthesis in interior spruce during water stress: changes in gas exchange and chlorophyll flourescence. **Tree Physiology**, v. 15, p. 229-235. 1995

ELLSWORTH, D. S.; REICH, P. B. Water relations and gas exchange of *Saccharum* seedlings in contrasting natural light and water regimes. **Tree Physiology**, v.10, p.1-20. 1992.

ENGEL, V. L.; POGGIANI, F. Estudo da concentração da clorofila nas folhas e seu espectro de absorção de luz em função do sombreamento de mudas de quatro espécies florestais nativas. **Revista Brasileira de fisiologia Vegetal**, Londrina, v. 3, n. 1, p. 39-45, 1991.

ESAU, K. **Anatomia das plantas com sementes**. São Paulo: EDUSP, 1974. 293p.

FALH, J. I.; CARRELI, M. L. C.; VEIGA, J.; MAGALHÃES, A. C. Nitrogen and irradiance levels affecting net photosynthesis and growth of yong coffee plants (*Coffea arabica* L.). **Journal of Horticultural Science**, v. 69, n, 1, p. 161-169. 1994.

FALH, J. I. **Influência da irradiância e do nitrogênio na fotossíntese e crescimento de plantas jovens de café** (*Coffea arabica* L.). Campinas, UNICAMP. 84p. 1989 (Tese de Doutorado).

FANCELLI, A. L. **Culturas intercalares e coberturas vegetais em seringais**. In: SIMPÓSIO SOBRE A CULTURA DA SERINGUEIRA NO ESTADO DE SÃO PAULO, 1, Piracicaba, 1986. Campinas: Fundação Cargill, 1986. p. 229-243.

FANCELLI, A. L. **Seringueira consorciada à culturas anuais perenes**. In: SIMPÓSIO SOBRE A CULTURA DA SERINGUEIRA NO ESTADO DE SÃO PAULO, 2. Piracicaba: ESALQ, 1990. p. 205-222.

FARQUHAR,G.D.; SHARKEY, T.D. Stomatal conductance and photosynthesis. **Annual Review Plant Physiology**, v. 33, p. 317-345, 1982.

FREITAS, R. B. **Avaliações ecofisiológicas de cafeeiros (*Coffea arabica* L.) e seringueiras (*Hevea brasiliensis* Muell Arg.) em diferentes sistemas de cultivo.** Lavras: UFLA, 2000. 57p. (Dissertação- Mestrado em Agronomia/ Fisiologia Vegetal).

FREITAS, R. B.; OLIVEIRA, L. E. M. de; SOARES, A. M. Influência de diferentes níveis de sombreamento no comportamento fisiológico de cultivaes de café (*Coffea arabica* L.). In.: Simpósio de Pesquisas Cafeeiras do Brasil (1: 2000: Poços de Caldas, MG). **Resumos expandidos.** Brasília, DF: EMBRAPA/Café; BH: Minasplan, 2000. 2v. (1490p.), p. 76-79.

GRONINGER, J. W.; SEILER, J. R.; PETERSON, J. A.; KREH, H. E. Growh and photosynthetic responses of four Virginia Piedmont tree species to shade. **Tree Physiology,** Victoria, v. 16, n. 9, p. 773-778. 1996.

GUTIERREZ, M. V.; MEINZER, F. C.; GRANTZ, D. A. Regulation of transpiration in coffee hedgerows: covariation of environmental variables and apparent responses of stomatal to wind and humidity. **Plant Cell and Environmental,** v. 17, p. 1305-1313, 1994.

HALLÉ, F.; MARTIN, R. Étude de la croissance rhythmique chez L'hevea (*Hevea brasiliensis* Muell Arg. Euphorbia Cées-Crotonidées). **Adansonja,** 8: 475-503, 1968.

HENAO, A. U. Conservacion de suelos en plantaciones de café sin siembra. **Cenicafé.** Caldas, v. 17, n1, p. 17-29, 1966.

HOLMES, P. M.; COWLING, R. M. Effects of shade on seedling growth, morphology and leaf photosynthesis un six subtropical thicket species from the eastern Cape, south Africa. **Forest Ecology and Management,** amsterdam, v. 61, p. 199-220, 1993.

INSTITUT DE RECHERCHES SUR LE CAOUTCHOUC. Rapport general 1990. Paris: IRCA/CIRAD, 219 p. 1992.

JARAMLO-ROBLEDO, VALENCIA-ARIZTIZÁBAL. Los elementos climáticos y el desarrollo de *Coffea arabica* L., en Chinchina, Colombia. **Cenicafé,** Caldas, v. 31, n. 4, p. 127-143. 1980.

JOHANSEN, D. A. **Plant Microtechnique.** New YorK: Mcgraw-Hill, 1940. 523 p.

KAISER, W. M. Effects of water deficits on photosynthetic capacity. **Physiology Plantarum**, v.71, n.1, p 142-149. 1987.

KNETCHT, G. M.; O'LEARY, J. W. The efect of light intensity on stomatal density of *Phaseolus vulgaris* leaves. **Botany**, v. 133, p. 132-134. 1972.

KRAUSE, G, H; WEISS, E. Chlorophyll fluorescence and photosynthesis: the basis. **Annual Review of Plant Physiology and Plant Molecular Biology,** Palo alto, v. 42, p. 313-349, 1991.

KUMAR, D.; TIESZEN, L. L. Photossynthesis in *Coffea arabica*. II. Effects of water stress. **Experimental agricultura**, v. 16, p. 21-27. 1980a.

KUMAR, D.; TIESZEN, L. L. Photossynthesis in *Coffea arabica*. I. Effects of light and temperatura. **Experimental agricultura**, v. 16, p. 13-19. 1980b.

LABOURIAU, L. G.; OLIVEIRA, J. C.; SALGADO-LABOURIAU, M. L. Transpiração de Schizolobiuem parahiba (Vell.). Toledo: comportamento na estação chuvosa, nas condições de Caeté, Minas Gerais, Brasil. **Anais da Academia Brasileira de Ciências.** Rio de Janeiro, v. 33, n.2, p. 237-257. 1961.

LOPES, N. F. Fisiologia do feijoeiro em consorcio cultural. In: **O feijão em cultivos consorciados.** Ed. VIEIRA, C. Viçosa, Editora UFV, p. 4-15, 1985.

LIMA, D. U. **Avaliação sazonal da produção de borracha e do metabolismo do carbono e do nitrogênio em plantas de seringueira (*Hevea brasiliensis* Muell. Arg.) cultivadas em Lavras, Minas Gerais.** Lavras: UFLA, 1998. 71p. (Dissertação- Mestrado em Agronomia/Fisiologia Vegetal).

MACEDO, R. L. G.; PEREIRA, A. V.; PEREIRA, E. B. C. & VENTORIM, N. Análise técnica do potencial de utilização da seringueira em sistemas agroflorestais permanentes. In: SIMPÓSIO INTERNACIONAL SOBRE ECOSSISTEMAS FLORESTIAS, 5, FOREST 98, Curitiba, 1999. **Anais...** Rio de Janeiro, Biosfera, 1999. 4p.

MACEDO, R. L. G; VENTORIN, N.; CARVALHO, A. J.; DANTAS, F. W. F. Efeitos da colheita do café sobre o estabelecimento da seringueira introduzida em sistemas agroflorestais com o cafeeiro em Lavras-MG. In: IN: SIMPÓSIO INTERNACIONAL SOBRE ECOSSISTEMAS FLORESTIAS, 5, FOREST 2000, Porto-Seguro-Bahia, 2000. **Anais...** Rio de Janeiro, Biosfera, 2000. 2p.

MACHADO, E. C.; QUAGGIO, J. A.; LAGÔA, A. M. M. A. de; TICELLI, M.; FURLANI, P. R. Trocas gasosas e relações hídricas em laranjeiras com clorose variegata dos citrus. **Revista Brasileira de Fisiologia Vegetal**, v. 6, p. 53-57, 1994.

MATIELLO, J. B. **O café: do cultivo ao consumo**. São Paulo. Globo, 1991. Coleção do agricultor. Grãos. (Publicações Globo Rural).

MEDRI, E. M.; LLERAS, E. Comparação anatômica entre folhas de um clone diploide (IAN 873) e dois clones poliploides (IAC 207, 222) de **Hevea brasiliensis** Muell. Arg. **Acta Amazonica**, v. 11, n. 1, p.35-47. 1980a.

MEDRI, E. M.; LLERAS, E. Aspectos da anatomia ecológica de folhas de **Hevea brasiliensis** Muell. Arg. **Acta Amazônica**. Manaus, v. 10, n. 3, p. 463-493. 1980b.

MENZEL, C. M.; SIMPSON, D. R. Passion- fruit. In: SCHAFFER, B.; ANDERSEN, P. C. (ed.). **Handbook of enviromental physiology of fruits crops**. Boca Raton: CRC Press, 1994. V.2: Sub-tropical and tropical crops. p. 225-241.

MONTEITH, J. L.; ONG, C. K.; CORLETT, J. E. Microclimatic interations in agroforestry systems. In.: **Agroforestry: principles and pratice**. Jarvis, P. G. (ed.). Amsterdan: Elsevier, 1991. 336p.

NAVES, V. L. **Crescimento, distribuição de matéria seca, concentração de clorofilas e comportamento estomático de mudas de três espécies florestais submetidas a diferentes níveis de radiação fotossinteticamente ativa**. Lavras: ESAL. 1993. 76p. (Dissertação- Mestrado em Agronomia/Fisiologia Vegetal).

NUNES, M. A.; RAMALHO, J. D. C.; DIAS, M. A. Effects of nitrogen supply on the photosynthetic performance of leaves from coffee plants exposed to bright light. **Journal of Experimental Botany**, v. 44, p. 893-899. 1993.

ORTOLANI, A. A.; PEDRO JÚNIOR, M. J.; ALFONSI, R. R.; CAMARGO, M. B. P. e BRUNINI, O. Aptidão agroclimática para regionalização da heveicultura no Brasil. In: **BRASIL**. Ministério da Indústria e do Comércio. Superintendência da borracha/SUDHEVEA. Anais do 1° Seminário brasileiro sobre recomendações de clones de seringueira. Brasília, p. 19-39. 1983.

ORTOLANI, A.A. Aptidão climática para cultura da seringueira em Minas Gerais. **Informe Agropecuário**, BH. v. 11, n.121, p.8-12. 1985.

PEREIRA, J. da P. Seringueira - **Formação de mudas, manejo e perspectivas no Noroeste do Paraná**. Londrina, IAPAR, 1992. 60p. (Circular, 70).

PEREIRA, J. da P; ANDROCIOLI FILHO; LEAL, A.C.; RAMOS, A.L.M. Consorciação de seringueira e cafeeiro em fase terminal e o seu efeito na redução do período de imaturidade do seringal. In: CONGRESSO BRASILEIRO SOBRE SISTEMAS AGROFLORESTAIS, 1, Porto Velho, 1994. **Anais...** Colombo: EMBRAPA-CNPF, 1994. v. 1, p. 103-111 (Documentos, 27).

PEREIRA, A. V.; PEREIRA, E., B., C.; FIALHO, J., F., de; JUNQUEIRA, T., V., N.; MACEDO, R. L. G. **Sistemas agroflorestais de seringueira com cafeeiro**. Planaltina, DF, EMBRAPA, 1998. 77p. (documentos, n° 70).

PEREIRA, J. P.; ANDROCIOLI FILHO; A.; LEAL, A.C.; RAMOS, A.L.M. Desenvolvimento vegetativo da seringueira em sistema agroflorestal com cafeeiro em fase terminal. IN: SIMPÓSIO INTERNACIONAL SOBRE ECOSSISTEMAS FLORESTIAS, 6, FOREST 2000, Porto Seguro, 2000. **Anais...** Rio de Janeiro, Biosfera, 2000. 4p.

RAGHURAMULU, Y. Benefits of growing coffee under shade in India. **Indian Coffee**, v. LXV, p. 11-12. 2001.

RAO, P. S.; SARASWATHYAMMA, C. K.; E SETHURAJ, M. R. Studies on relation beteen yield and meteorological parameters of para rubber tree (*Hevea brasiliensis*). **Agricultural and Forest Meteorology**, v. 90, p. 235-245, 1998.

RAO, P. S. Water balance in the rubber growing regions. **Plant Physiology Biochemistry**, v. 20, p. 56-61, 1993.

RENA, A. B.; MAESTRI, M. Fisiologia do cafeeiro. In: **Cultura do cafeeiro; Fatores que afetam a produtividade**. Associação Brasileira de Pesquisa da Potassa e Fosfato, Piracicaba- SP. p. 165-274, 1986.

RENA, A. B.; NACIF, A. P.; GUIMARÃES, P. T. G.; BARTHOLO, G. F. Plantios adensados: aspectos morfológicos, ecofisiológicos, fenológicos e agronômicos. **Informe Agropecuário**, Belo Horizonte, v. 19, n. 193, p. 61-70, 1998.

RODRIGO, V. H. L.; STIRLING, C. M.; NARANPANAWA, R. M. A. K. B.; HERAT, P. H. M. U. Intercropping of imature rubber in Sri Lanka: present status financial analysis of intercropping planted at densities of banana. **Agroforestry Systems**, v. 51, p. 31-48. 2001.

SCHREIBER, U.; BILGER, W.; NEUBAUER. Chlorophyll Flourescence as a Noninstrutive Indicator for Rapid Assessment of In Vivo Photosynthesis. In.: **Ecophisyology of Photosynthesis.** Eds. SCHULZE, E. D.; CALDWELL,M. M. Springer-Verlaq, Berlin, p. 49-70. 1995.

SILVIA, E. A. M.; ANDERSON, C. E. Influência da luz no desenvolvimento foliar do feijoeiro **(Phaseolus vulgaris** L.). **Revista Ceres,** v. 32, n.179, p. 1-11. 1985.

SOARES, A. M.; OLIVEIRA, L. E. M. O.; ROCHA NETO, O. G. da. Avaliação do sistema de produção de porta-enxertos de seringueira **(Hevea brasiliensis** Muell. Arg.) sob as condições edafoclimáticas de Lavras- Minas Gerais. **Revista Árvore,** v. 17, n. 2, p. 235-246. 1993.

SOUZA, N. L. de. **Comportamento fisiológico de cultivares de** *Coffea arabica* **L. submetidos a diferentes níveis de radiação solar.** Lavras: UFLA, 2001. 41p. (Dissertação- Mestrado em Agronomia/Fisiologia Vegetal).

STUDER, E. F. Coffee shade. **Indian Cofeee,** v. LXV, n. 4, p. 5-7. 2001.

TURNER, N. Crop water deficits: a decade of progress. **Advances in Agronomy,** New York, v. 39, p. 1-51, 1986.

WELANDER, N. T.; OTTOSSON, B. The influence of low light, drought and fertilization on transpiration and growth in young seedlings of *Quercus robur* L. **Forest Ecology and Management,** Amsterdam, v. 127, p. 139-151, 2000.

VENEZIANO, W.; MEDRADO, M.J.S.; RIBEIRO, S.I.; LISBOA, S. de M.; MENEZES, L.C.C. de; COSTA, J.N.M.; SANTOS, J. C. F. Associação da seringueira com a cultura do cafeeiro no Estado de Rondônia. In: CONGRESSO BRASILEIRO SOBRE SISTEMAS AGROFLORESTAIS, 1, Porto Velho, 1994. **Anais...** Colombo: EMBRAPA-CNPF, 1994. v.1, p.121-133.

VIJAYAKUMAR, K. R.; DEY, S. K.; CHANDRASEKHAR, T. R. Irrigation requeriment of rubber trees (*Hevea brasiliensis*) in the subhumid tropics. **Agricultural Water Management,** v. 35, p.245-259, 1998.

VOLTAN, R. B. Q.; FAHL, J. I.; CARRELI, C. C. Variação da anatomia foliar de cafeeiros submetidos a diferentes intensidades luminosas. **Revista Brasileira de Fisiologia Vegetal,** v. 4, n. 2, p. 99-105. 1992.

YEMM, E. W.; WILLIS, A. J. The estimation de carboidrate in plants extracts by anthrone. **The Biochemical Journal,** London, v.90, n. 3, p. 508-514, 1954.

ZANELA, S. M. **Respostas ecofisiológicas e anatômicas ao sombreamento em plantas jovens de diferentes grupos ecológicos.** Lavras: UFLA, 2001. 79p. (Dissertação- Mestrado em Agronomia/Fisiologia Vegetal).